SOCIÉTÉ D'AGRICULTURE DE LA HAUTE-GARONNE.

CONFÉRENCES

TENUES A TOULOUSE

Les 7, 8 et 9 mai 1868,

A L'OCCASION DU CONCOURS RÉGIONAL.

TOULOUSE,
IMPRIMERIE DE DOULADOURE;
ROUGET FRÈRES ET DELAHAUT, SUCCESSEURS,
Rue Saint-Rome, 39.

1868.

CONFÉRENCES

TENUES A TOULOUSE LES 7, 8 ET 9 MAI 1868,

A L'OCCASION DU CONCOURS RÉGIONAL.

CONFÉRENCES

TENUES A TOULOUSE LES 7, 8 ET 9 MAI 1868,

A L'OCCASION DU CONCOURS RÉGIONAL.

Les Concours régionaux rapprochent les agriculteurs, et élargissent l'horizon de leurs observations. Au lieu de demeurer circonscrite dans les pays qu'ils ont directement sous leurs yeux, l'attention des hommes qui suivent le mouvement et le progrès de l'agriculture, se porte sur toute une région, sur les animaux qui la peuplent, les instruments qui y sont usités et les domaines qu'une culture avancée met en ligne pour la prime d'honneur. Aussi l'intérêt que ces Concours excitent, les fait toujours accueillir avec empressement ; leur retour périodique paraît trop éloigné ; l'on cherche à en visiter plusieurs dans la même année, et l'on se plaint que leur tenue simultanée ne permette pas de comparer la situation agricole de régions diverses. Les divisions auxquelles ils correspondent, reposent sur des conditions économiques et culturales nettement tranchées, si l'on considère les points extrêmes, mais moins bien justifiées si l'on s'attache aux points les plus rapprochés. D'ailleurs, on pourrait trouver à apprendre même au loin.

L'instruction que l'on retire de ces exhibitions s'acquiert surtout par les yeux ; l'enseignement qu'elles donnent est saisissant, parce que les résultats ne laissent rien à la supposition, mais il a cependant besoin d'un commentaire. Si les faits par lesquels il s'insinue ne sont pas étudiés dans

1

leur cause, leur développement et leur fin, la leçon est incomplète. Ce que l'on voit a une origine, une histoire; de là, la nécessité pour éviter de faire fausse route de s'enquérir, d'interroger, de provoquer des entretiens; ainsi s'établissent des conférences agricoles privées et intimes, entre ceux que le hasard le plus souvent rapproche, heureux si l'on rencontre toujours un guide sûr et qui donne la solution exacte des problèmes posés. A la vue d'un animal perfectionné, d'une machine nouvelle, d'un produit dont la beauté surprend, chacun n'éprouve-t-il pas une légitime curiosité et ne cherche-t-il pas à la satisfaire?

Des conférences publiques organisées dans le but d'expliquer ce que les concours présentent de plus saillant et de moins connu, en sont un utile complément, mais c'est là un de leurs moindres avantages. En appelant l'attention sur les intérêts divers de l'agriculture, sur les questions que la marche des événements et l'action des pouvoirs publics soulèvent, elles peuvent exciter l'émulation, développer l'esprit d'association si énergique et si puissant dans les autres industries, et contribuer à imprimer à l'initiative individuelle cet élan qui doit finir par la soustraire à la tutelle administrative, dont l'intervention a rendu de grands services, mais dont le rôle doit s'effacer pour laisser leur libre action à toutes les forces vitales du pays. C'est ainsi que l'Agriculture atteindra l'âge viril.

Dans la région dont Toulouse dépend, plusieurs Sociétés d'agriculture ont depuis longtemps, et bien avant que la vogue des conférences publiques eût envahi toutes les branches des connaissances humaines et séduit tous les sexes, organisé à l'occasion des Concours régionanx, des réunions pour la discussion de sujets présentant un caractère d'intérêt général ou spécial à la contrée. C'était un moyen assuré, non-seulement d'instruire, mais encore de mettre en contact les hommes les plus connus par leurs études et par l'application de leur intelligence aux intérêts de l'économie rurale.

Ce rapprochement d'agriculteurs, de publicistes, d'écrivains qui ont pris sérieusement en main la pratique, ou la défense de l'agriculture, qui sans s'être jamais rencontrés se connaissaient par leurs écrits, leurs luttes, leur situation, donne à ces conférences un attrait particulier. Tout autre mérite, toute autre distinction s'effacent; aucune opinion n'est mise en suspicion; l'on sent que l'on est sur un terrain d'apaisement, où l'on est résolu à demander à chacun tout ce qu'il peut donner, disposé que l'on est à donner soi-même tout ce que l'on sait.

C'est bien dans l'absence de tout antagonisme et dans la plus sincère expansion des sentiments qu'une seule pensée inspirait, que se sont passées les trois soirées consacrées aux conférences que la Société d'agriculture avait préparées. En outre des Rapporteurs étrangers au département et qui, ainsi qu'on pourra s'en convaincre en lisant les Rapports que nous publions aujourd'hui, ont rivalisé avec ceux de la Société d'Agriculture de la Haute-Garonne pour s'acquitter de leur tâche avec talent et autorité, quelquefois avec une ardente conviction, nous citerons comme ayant honoré de leur présence ces réunions MM. Sers, de Lavergne, Lavernie, Portal de Moux, Bères et Barral, directeur du Journal de l'Agriculture.

M. Martegoute, président de la Société d'agriculture de la Haute-Garonne, a ouvert les conférences en signalant leurs avantages, pour le Midi surtout, parce que suivant une expression de M. de Gasparin, on s'y trouve en présence de difficultés plus graves que partout ailleurs. M. l'abbé Dupuy, délégué, de la Société d'agriculture du Gers, a démontré ensuite l'utilité des *Assurances contre la grêle*, particulièrement dans les pays de métayage, et M. Laurens, délégué de la Société d'agriculture de l'Ariége, a traité *de la production des vins fins, de ses avantages, de sa possibilité et de ses conditions dans la région.* La discussion à laquelle cette intéressante question a donné lieu, et qui a été principalement alimentée par MM. Leymerie et Bères, a porté sur l'influence du terrain et des procédés de vinification sur la qualité du vin.

La deuxième séance a été consacrée à l'exposé d'un système

d'*Assurances contre la mortalité du bétail*, par M. Lafosse, membre de la Société d'agriculture de la Haute-Garonne, basé sur la classification des maladies et sur la gravité des risques dont l'examen devrait être fait par les vétérinaires. Ce projet a reçu un accueil favorable de la part de la réunion, dont M. Texereau s'est fait l'interprète. M. Dejernon, délégué de la Société d'agriculture des Basses-Pyrénées a clos cette séance par la lecture d'une étude complète sur l'*avenir de la vigne dans le Sud-ouest, et le vinage*. Les idées absolues de M. Dejernon, qui considère le vinage comme un poison, ont été combattues par MM. Sers et Texereau.

Enfin, la troisième séance a été entièrement occupée, en l'absence de M. Troy, délégué de la Société d'agriculture de l'Ariége, dont nous sommes heureux de publier néanmoins le travail sur *le gazonnement des montagnes* qu'il n'a pu lire, par M. Texereau, qui a traité des avantages de *l'association comme moyen de favoriser l'emploi des machines en agriculture*. L'utilité de ces associations qui n'a pas été mise en question, a été soutenue par MM. Lafosse, de Gomiecourt, Dupuy-Montbrun, Bères; mais les moyens de les établir ont paru à M. Caussé difficiles à préciser à cause du nombre restreint de travaux qu'elles pourraient entreprendre, et que le propriétaire pourrait leur livrer avec profit. M. Barral, en donnant son approbation aux idées exprimées par M. Texereau, a fait ressortir la possibilité de leur application à certains travaux, et a cité des exemples prouvant que les efforts individuels seraient impuissants pour procurer des résultats aussi positifs que ceux que l'on obtient par l'association. Sa parole vivement désirée a été écoutée avec une attention soutenue.

A propos de l'une de ces conférences dans laquelle les opinions opposées avaient tour à tour obtenu des applaudissements, l'un des hommes qui dans la presse agricole tiennent la plume avec le plus d'autorité, a écrit : *chacun est rentré chez soi avec la même opinion... qu'il avait avant d'assister à la conférence ; voilà bien les hommes et tel est ordinairement le résultat des discussions publiques.* Ces discussions ne méritent pas une pareille condamnation ; notre pays en aime trop la pratique, elles sont trop passées dans nos mœurs pour qu'il soit possible de les représenter comme étant sans utilité et n'amenant à aucun résultat sérieux. Leur disparution laisserait dans nos habitudes un vide qui pourrait difficilement être comblé, car nous les considérons comme nécessaires pour nous éclairer et pour la garantie de nos droits. Sans doute, elles n'amènent pas à des conversions subites, parce qu'elles ne trouvent pas les esprits prêts à sacrifier promptement les opinions auxquelles ils avaient accordé leur adhésion ; mais la contradiction, si elle est juste, dépose un germe que la réflexion et le besoin de se rallier à la vérité développent, et le temps finit par triompher des résistances qui n'ont pas cédé au premier assaut.

Si les conférences ont laissé de l'indécision sur quelques points, cela tient à ce que la réunion n'a pas été appelée à se prononcer sur une formule résumant les opinions qui étaient développées ; condensées dans des propositions nettes, les conclusions de chaque rapporteur fussent devenues la matière d'une discussion précise et un vote serait intervenu sur un objet précis, avec une autorité plus grande que celle d'un simple rapporteur : aussi, s'il nous était permis d'émettre un vœu pour l'avenir et le succès de pareilles conférences que nous désirons se voir reproduire dans les autres concours de la région, nous demanderions que chaque rapporteur proposât à la fin de son travail une résolution le résumant ; ainsi, la discussion forcément ramenée à un point déterminé et sur un terrain limité risquerait moins de s'égarer ; nos vœux ne se borneraient même pas là : nous voudrions encore que les rapports fussent imprimés avant l'ouverture du concours et distribués à toutes les Sociétés d'Agriculture de la région. Ces mesures assureraient des luttes aussi brillantes qu'utiles, qui laisseraient après elles des traces durables.

G. Caussé,

Secrétaire général de la Société d'Agriculture de la Haute-Garonne.

ALLOCUTION ;

Par M. MARTEGOUTE,

Président de la Société d'Agriculture de la Haute-Garonne.

Messieurs ,

En ouvrant la première séance des conférences agricoles qui vont accompagner la tenue du concours régional de Toulouse, mon premier devoir, devant l'assemblée qui m'écoute , est de faire remarquer que ces intéressantes réunions ne sont pas de création récente dans la région. Elles datent, pour ainsi dire, de l'institution même des concours régionaux dans le Sud-Ouest : nous devons à l'initiative des sociétés de la contrée, d'avoir, les premières et presque les seules en France, établi l'usage de ces entretiens qui servent de lien et d'organe à des idées et à des intérêts qui, sans un tel secours, resteraient dans un stérile isolement. S'il fallait faire l'historique de nos conférences, les noms des villes de Montauban, de Foix, d'Auch et de Pau se placeraient aux premières pages de nos annales ; et parmi les orateurs qui ont animé par leur parole de brillantes discussions, nous aurions à rappeler des noms éminents, si notre reconnaissance envers tous n'avait à nous faire redouter un oubli qui serait de notre part une sorte d'ingratitude.

D'où vient, Messieurs, que l'institution des conférences ait pris naissance et se maintienne dans le Sud-Ouest ? Vous le devez sans doute, avant tout, au caractère expansif des esprits dans la région : nous aimons à jeter à tous les vents nos sentiments et nos pensées. Mais, au fond, il y a des motifs plus sérieux : c'est que, dans le Midi, pour emprunter un mot profondément vrai à M. de Gasparin, on se trouve en présence de difficultés agricoles plus grandes que partout ailleurs ; pour les surmonter, on a besoin d'en appeler à une incessante comparaison des faits et des méthodes.

En effet, tandis que, dans le Nord et surtout en Angleterre, l'économie rurale s'est développée et grandit sans effort sous l'influence heureuse de la régularité des saisons ; et que le climat a tout simplifié jusqu'à permettre de réduire la production à du blé, à de l'herbe, à du bétail, nous avons, nous, bien autre chose à faire.

Placée sous les influences alternatives des vents de l'Océan et des souffles ardents du Midi, notre contrée est exposée à de brusques changements de température qui, à chaque instant, viennent compromettre l'effet des calculs les plus sages. Un tel milieu, joint à l'inégalité d'altitude et de constitution géologique des terrains, exige que l'on s'appuie sur des cultures nombreuses et variées, afin de courir plusieurs chances à la fois, pour rencontrer, s'il se peut, la meilleure.

Mais en même temps que des conditions économiques spéciales imposent ainsi au cultivateur du Sud-Ouest des luttes sans relâche, il ne tarderait pas à se sentir frappé d'impuissance, s'il ne sortait de son cercle étroit pour puiser des forces dans le mouvement général qui anime, autour de lui, le monde agricole. A ce point de vue, nos conférences ont à s'inspirer des grandes questions qui, sans être particulièrement les nôtres, le deviennent en élevant et en fécondant les esprits au contact des intérêts généraux. Aussi, en quelque lieu que les conférences précédentes se soient produites, vous avez accueilli avec bonheur la présence des hommes distingués qui, venus des autres régions, vous ont apporté le secours et le contraste même de leurs idées. Et nous avons l'espérance que quelques-uns d'entr'eux voudront bien prendre une part active à nos causeries. Une telle coopération sera un signe de plus de l'esprit d'union et d'association qui se révèle de nos jours, promettant à l'Agriculture des institutions qui seront pour elle une force nouvelle et libre. N'avez-vous pas déjà nommé, Messieurs, ces grandes œuvres de la presse agricole qui, sous les titres, soit de *Journal de l'Agriculture*, soit de *Journal d'Agriculture pratique*, représentent chacune de leur côté, par leurs fondateurs ou leurs adhérents, de véritables associations réunissant en faisceaux les hommes de la science et de la pratique? N'avez-vous pas également nommé cette société des agriculteurs de France, qui se fonde en ce moment, et dont le but et l'avenir sont de faire une seule et même famille de tous ceux qui s'intéressent aux destinées de l'Agriculture?

Ici, Messieurs, permettez à la Société de la Haute-Garonne une témérité pour laquelle j'ai à vous demander grâce : nous avons essayé de réaliser ces grandes idées d'association , au profit de nos conférences , en réclamant avec plus d'instance que jamais , le concours de toutes les Sociétés d'Agriculture de la région et celui des personnes éminentes qui en sont le soutien et l'honneur. Cette coopération de tous, nous l'avions également appelée de nos vœux en 1861 , lors du dernier concours régional de Toulouse; mais, par suite de circonstances que nous avons à regretter plutôt qu'à expliquer, la Société de l'Ariége répondit seule à notre appel. Nous fûmes réduits à tirer de nos ressources , ainsi restreintes , les sujets de nos entretiens.

Plus heureuse , cette année , la Société de la Haute-Garonne a vu son programme se former et se grossir par des communications venues des divers points de la région. Les questions qui vont vous être soumises proviennent , pour la plupart , des départements de l'Ariége , du Gers, des Basses-Pyrénées et de Lot-et-Garonne. Leur développement offrira un intérêt certain : j'en ai pour garants les noms de MM. Laurens , Troy , Dejernon et de M. l'abbé Dupuy, que vous allez entendre. Sans une arrivée malheureusement trop tardive, le programme des conférences était déjà publié, des communications *de la Société de Tarn-et-Garonne* auraient ajouté à nos richesses , puisque cette Société aurait eu pour organes deux de ses membres les plus distingués , MM. Taupiac et Sérilhac. Si la Société d'Agriculture de la Haute-Garonne va néanmoins prendre part aux conférences en traitant des questions qui lui sont propres, c'est qu'elle y a été contrainte par la nécessité de compléter l'ensemble de vos travaux. Elle eût mieux aimé que toutes les questions , que tous les rapports eussent été l'œuvre des Sociétés qu'elle a conviées à cette réunion ; heureuse et fière de ne se réserver qu'une part qu'elle se plait à regarder comme étant la meilleure : l'honneur d'offrir, et de voir accepter par vous, Messieurs , dans cette enceinte , une fraternelle et cordiale hospitalité.

LES ASSURANCES CONTRE LA GRÊLE ;

Par M. l'Abbé DUPUY,

Secrétaire de la Société d'Agriculture et d'Horticulture du département
du Gers.

MESSIEURS,

La Société d'Agriculture de la Haute-Garonne, a mis au nombre
des questions qui doivent être traitées dans ses conférences à l'occasion du concours régional agricole de 1868, la question des
assurances contre la grêle.

Je ne viens pas la traiter à fond. Il faudrait plus de connaissances que je n'en possède soit au point de vue de la statistique, soit
au point de vue de la législation, pour avoir en cette matière une
grande autorité devant vous ; mais je viens vous soumettre quelques
réflexions qui feront surgir, je l'espère, au milieu des hommes
éclairés et pratiques qui nous entourent quelques idées saines et
applicables à notre Sud-Ouest. Il serait bien désirable que l'on
pût en effet atténuer un peu les effets désastreux du fléau de la
grêle qui vient, tous les ans, ravager une partie des départements
de la région agricole représentée, cette année à Toulouse, par une
foule d'agriculteurs éminents.

Jamais peut-être depuis bien des années, les grêles n'ont fait
de si nombreux et de si violents ravages dans le Sud-Ouest qu'en
l'année mil huit cent soixante sept.

Les départements du Gers, des Hautes-Pyrénées, de la Haute-
Garonne et de l'Aude, ont eu à subir des pertes énormes par suite
de ce fléau.

Il est donc important d'examiner les questions qui s'y rattachent.

La première de toutes est, ce me semble, de savoir s'il est avantageux au propriétaire d'être assuré contre la grêle aux compagnies
d'assurances telles qu'elles existent aujourd'hui.

Ou bien, s'il ne vaut pas mieux pour lui d'être lui-même son assureur par une épargne annuelle bien entendue, à peu près équivalente aux primes exigées par les compagnies.

Ou bien enfin s'il n'y aurait pas quelque moyen nouveau de constituer soit des sociétés d'assurances, assises sur de nouvelles bases,
soit des caisses d'épargne agricole établies par l'État, ou bien seulement sous le patronage et la surveillance de l'État.

Je vais tâcher, Messieurs, sans abuser trop longtemps de votre
bienveillante attention, d'esquisser rapidement chacune de ces trois
questions que j'ai l'honneur de vous soumettre.

Et d'abord :

Est-il avantageux aux propriétaires d'être assurés contre la
grêle aux compagnies d'assurances telles qu'elles sont aujourd'hui?

Les propriétaires doivent ce me semble être divisés en deux catégories.

La première est celle des propriétaires rentiers, dont la fortune
est mi-partie en propriétés et mi-partie en capitaux placés sur des
valeurs réelles et à peu près sûres.

Parmi ceux qui se trouvent dans cette première catégorie, les
uns ont suffisamment de rentes assurées en capitaux pour pouvoir
subvenir à leurs besoins et aux nécessités de leurs familles. Les revenus de la propriété ne sont pour eux qu'une sorte de superflu
qu'ils peuvent employer à leur gré, soit à faire des épargnes, soit à
faire toute autre chose à leur convenance.

Évidemment ces propriétaires n'ont pour eux-mêmes aucune nécessité d'assurer leurs propriétés contre la grêle, mais s'il n'y a
pas d'intérêt pour eux à le faire pour leur propre compte, il y en a
un grand à le faire pour le compte de leurs métayers ou colons
partiaires quels qu'ils soient. Car aucun d'entre vous n'ignore,
Messieurs, que si la grêle est la ruine du propriétaire, elle est plus
encore la ruine du colon, qui cultive les terres d'autrui à titre de
fermier, de métayer, de maître-valet, d'estivandier, etc.

Je conclus donc que, même pour les propriétaires de cette première catégorie, l'assurance est sinon nécessaire du moins extrême-
ment utile.

Nous n'avons pas en effet, Messieurs, dans nos contrées de
grandes fermes comme dans le Nord. Presque tous ceux qui veulent
essayer de ce mode d'exploitation, réussissent mal; ou plutôt ils ne
tardent pas à dévorer dans cette entreprise des capitaux considérables, parce que la culture par les bœufs exige beaucoup de temps
lorsqu'on doit se transporter ou transporter les denrées à des distances éloignées, soit à cause de la lenteur de ces animaux, soit à
cause de la lenteur des hommes qui les conduisent, soit enfin en
raison de leurs habitudes.

Ainsi les hommes du Nord qui viennent dans le Midi et qui veulent y transporter leurs modes de cultures échouent presque invariablement dans leurs entreprises culturales.

Aussi le fermage et par suite le revenu assuré quoique moindre de la propriété est-il très-rare dans le Sud-Ouest de la France, et l'on doit même dire que, sauf quelques cas exceptionnels, il est presque impossible de l'employer avec avantage, soit pour le propriétaire, soit pour le fermier.

Le métayage et le maitre-valétage sont donc le seul mode de colonage qu'il soit possible d'adopter utilement dans le pays.

Or, dans cet état de choses, le propriétaire qui n'a pas d'autres revenus que ceux de sa propriété a évidemment intérêt à s'assurer au moins pour les céréales. Il a surtout grand intérêt à obliger ses colons à partager l'assurance avec lui au prorata de leur part d'intérêt commun dans le revenu de la propriété.

Ce que j'avance est surtout vrai lorsqu'il y a un colonage partiaire quel qu'il soit, et principalement lorsqu'il s'agit de métayers avec lesquels, sauf quelques réserves, le propriétaire partage le revenu en nature de ses terres.

Une grande partie des propriétés dans notre Sud-Ouest sont en effet soumises au régime du métayage.

Or, sous ce régime, qu'arrive-t-il par suite d'une grêle?

Le métayer perd sa récolte comme le propriétaire ; je ne parle pas des pertes de ce dernier pour le cas où il a d'autres moyens de pourvoir aux besoins de sa famille. Mais nous verrons par la suite que même alors il y a pour lui intérêt à s'assurer, parce qu'il ne peut guères obtenir que son métayer s'assure s'il ne le fait pas lui-même.

Quant au pauvre métayer qui a perdu son unique moyen de subsistance et qui n'a pas de réserves, c'est le cas ordinaire chez la plupart des cultivateurs, il est obligé de recourir à un emprunt. Cet emprunt se fait le plus souvent chez le propriétaire. Or, comme tout le monde le sait, cet emprunt se fait en denrées ou en argent. Dans les deux cas, il est gratuit et sans intérêt. Le plus souvent le métayer ne peut se libérer qu'après un grand nombre d'années, surtout si, comme il arrive fréquemment, des grêles successives se produisent pendant des années consécutives ou presque consécutives ; alors le métayer est pour ainsi dire ruiné pour dix ou quinze ans, c'est-à-dire qu'il lui faut ce temps pour se libérer, surtout si les grêles sont arrivées lorsque le métayer a une famille un peu nombreuse et des enfants en bas âge.

Il est donc essentiel, dans ce cas, que le propriétaire soit assuré, afin de pourvoir à ses propres nécessités et à celle de ses métayers s'il n'a pas de rentes par ailleurs, et les métayers n'ont pas voulu s'assurer eux-mêmes, afin de pourvoir dans tous les cas aux besoins des colons s'il a lui-même par ailleurs de rentes suffisantes à ses besoins personnels.

Qu'arrive-t-il d'ailleurs si le propriétaire est assuré et qu'il ait un peu d'influence sur son métayer ? c'est que le métayer s'assure au moins pour les céréales, et que s'il vient à être grêlé, son indemnité lui est presque toujours suffisante pour pouvoir se passer d'un emprunt toujours ruineux pour lui comme pour le propriétaire.

En outre, un métayer grêlé est forcé d'économiser sur sa nourriture et sur celle de sa famille : de là bien moins de travail qu'il peut produire et par suite moins de revenu pour l'année et les années suivantes.

Il est encore obligé, par la force même de sa situation, de chercher à faire argent de tout. Il vend mal ses animaux de rente parce qu'il les vend trop tôt : il en vend en trop grand nombre, et, par suite, il y a dans la métairie moins de fumiers et de profit pour l'avenir.

Tout ce que je viens de dire est applicable même au cas où le propriétaire a des rentes en dehors des revenus de sa propriété.

Mais c'est bien autre chose si le propriétaire n'a pas d'autres revenus que ceux de sa terre, et si ces revenus sont à peine suffisants (comme le cas se présente bien souvent) pour qu'il puisse pourvoir à ses propres besoins et à ceux de sa famille.

C'est alors à la fois la ruine du propriétaire, la ruine du métayer et la ruine de la propriété.

La ruine du propriétaire qui n'ayant pas les revenus nécessaires à l'entretien de sa maison est obligé d'emprunter, afin de pourvoir à ses nécessités ; car, pour lui, la nécessité n'est pas seulement, comme pour le métayer, le besoin de manger, de boire et de se vêtir, mais l'obligation d'entretenir sa maison selon sa position sociale, l'obligation de pourvoir à l'éducation commencée de ses enfants, éducation si dispendieuse lorsqu'ils sont aux écoles dans les facultés. En un mot, une année de grêle c'est la ruine du propriétaire pour plusieurs années dans de telles conditions.

Le métayer, dans cette situation, ne peut rien attendre de son maître. Obligé de choisir entre un emprunt ruineux et la nécessité de quitter la métairie, le découragement l'entraîne vers ce dernier parti ; et vous savez, Messieurs , qu'un changement de métayer est toujours pire qu'une nouvelle grêle pour le propriétaire.

Enfin c'est aussi la ruine de la propriété qui est toujours très-mal travaillée quand le métayer est dans la détresse et la misère.

Examinons en quelques mots la seconde question :

N'est-il pas plus avantageux pour le propriétaire, d'être lui-même son propre assureur par une épargne annuelle bien entendue , ou du moins équivalente et même un peu supérieure aux primes exigées par les compagnies ?

Cette question pourrait assurément être résolue d'une manière affirmative si le propriétaire pouvait compter sur lui-même , sur sa bonne volonté et surtout sur sa persévérance ; sur sa propre sagesse et celle de sa femme et de ses enfants qui voudront tous concourir à restreindre leurs dépenses annuelles.

Or quel est celui qui peut oser espérer de se trouver dans des conditions aussi parfaites.

Je laisse au bon sens et à l'expérience de chacun de vous , Messieurs, le soin de répondre à cette question.

Il est donc bien à craindre que le propriétaire dont le revenu suffit presque toujours à peine aux nécessités de la vie et de la position, ne sache pas , la plupart du temps, se résigner à supprimer même la petite partie du nécessaire , afin de constituer l'épargne indispensable pour subvenir aux éventualités de la grêle.

Il faudrait en ceci, comme en bien d'autres choses, être forcé par une obligation qu'on se serait créée à faire cette épargne si utile, et ne pouvoir pas échapper à cette obligation en vertu d'un contrat qui le lie, en lui imposant des obligations légales auxquelles il ne saurait se soustraire à son gré.

Il faudrait donc, pour que le propriétaire pût devenir lui-même son propre assureur , qu'il pût par des engagements pris à assez long terme pourvoir largement aux éventualités de pertes de ses récoltes.

Il faudrait encore qu'il eût assez d'empire sur ses colons partiaires pour les engager dans la même voie. ce qui est quelquefois difficile.

Passons à la troisième question qui peut être ainsi formulée :

N'y aurait-il pas quelque moyen nouveau ou du moins peu usité jusqu'à ce jour de constituer soit des sociétés d'assurances assises sur de nouvelles bases, soit des caisses d'épargne agricole, soit des banques agricoles établies par l'État, ou bien sous la surveillance et le patronage de l'État ?

Pour résoudre cette question dont les conclusions doivent être éminemment pratiques, il me semble que nous devons d'abord examiner très-succeinctement en quoi consistent les assurances contre la grêle telles qu'elles existent aujourd'hui, et si telles qu'elles sont, elles offrent actuellement des garanties suffisantes et des moyens assurés de remplir leurs programmes.

Toutes les sociétés dont je connais les statuts sont ou bien des assurances mutuelles ou bien des assurances à indemnités complètes. Les premières donnent à l'assuré une indemnité proportionnelle à sa mise de fonds annuelle selon la somme totale dont les compagnies peuvent disposer, après avoir prélevé le traitement du directeur général de la compagnie, des inspecteurs et des autres agents subalternes.

Les compagnies d'assurances mutuelles, comme la *mutuelle de Toulouse*, la plus répandue dans notre région, sont à primes fixes exigibles intégralement tous les ans.

Les autres, comme la *Province* par exemple, n'exigent d'abord que la moitié de la prime et la seconde moitié n'est exigible qu'autant que la première est insuffisante pour payer intégralement les pertes des assurés. Cette combinaison semble très-bonne au premier abord, mais en fait ce n'est qu'un véritable leurre auquel on se laisse prendre et contre lequel je ne saurais assez prémunir tous ceux qui m'entendent ici.

Le premier avantage des compagnies mutuelles consiste dans le bon marché relatif des primes que l'assuré doit payer.

Le second avantage de ces compagnies pour l'assuré c'est que dans l'appréciation des sinistres les experts chargés de constater les dommages sont peut-être un peu plus faciles que ceux des compagnies à indemnités fixes.

La raison en est bien simple.

Dans les compagnies mutuelles, les experts se disent qu'en définitive les fonds appartiennent aux assurés et doivent être répartis entre eux.

Dans les compagnies à indemnités fixes, au contraire, les fonds n'appartenant pas aux assurés, mais étant la propriété des compagnies, les experts-agents de la compagnie sont tenaces dans leurs appréciations et tiennent toujours la quotité des dommages aussi peu élevée que possible : en un mot, ils sont âpres pour le propriétaire et moins coulants que les experts des compagnies mutuelles.

Voilà ce qui se produit d'ordinaire ; examinons à présent le fort et le faible des compagnies à indemnités fixes.

Les compagnies à indemnités fixes sont d'ordinaire des compagnies d'assurances contre l'incendie qui se sont constituées en compagnies d'assurances contre la grêle, mais ce sont en quelque sorte des compagnies latérales, c'est-à-dire que les fonds de la compagnie d'assurance contre l'incendie ne se confondent nullement avec ceux de la compagnie d'assurances contre la grêle ; chacune a son action et ses intérêts séparés.

Telle est la *Compagnie générale d'assurances* la plus répandue dans notre région de celles de cette catégorie.

Les inconvénients qu'elles présentent pour les assurés, c'est que les primes sont plus élevées que dans les compagnies mutuelles ;

Que ces primes sont souvent inégales de commune à commune, selon les chances de grêle que l'on croit exister ;

Et qu'enfin il y a fréquemment des difficultés dans l'expertise entre l'assuré et l'expert de la compagnie.

Le grand avantage qu'elles présentent c'est que l'assuré est certain d'être intégralement payé conformément au chiffre arrêté entre lui et l'agent-expert de la compagnie.

De tout ce que je viens de vous exposer, Messieurs, il est facile de conclure que même dans l'état actuel des compagnies d'assurances, il est, dans ma pensée, avantageux au grand comme au petit propriétaire de s'assurer au moins pour les céréales, et les compagnies que je recommanderais le plus ici, ce serait comme compagnie mutuelle :

La compagnie d'assurances mutuelles de Toulouse que je crois honnête et honnêtement administrée.

Et comme compagnie à indemnités fixes,

La compagnie d'assurances générales qui me paraît aussi honnête et honnêtement administrée.

Je suis encore assuré à la compagnie de Toulouse et j'ai été expert, pour le compte de deux de mes amis, auprès de la compagnie générale d'assurances, et je puis affirmer que dans plusieurs sinistres de grêle que j'ai eu à constater, les sinistrés ont eu à se louer du résultat de leurs assurances à l'une et à l'autre compagnie.

Si j'insiste là-dessus, Messieurs, c'est afin de vous faire voir que dans ce qu'il me reste à vous exposer je ne suis mu ni par une animosité qui demeure souvent après des expertises de grêles dans l'esprit du sinistré, ni par un parti pris quelconque, mais uniquement par la pensée générale des avantages que les agriculteurs retireraient d'une organisation meilleure, soit des assurances contre la grêle, soit des assurances contre les autres fléaux qui ravagent nos récoltes.

Et d'abord pourrait-on établir une ou plusieurs compagnies d'assurances agricoles qui fussent plus propres à assurer des indemnités convenables et certaines aux propriétaires. Pourrait-on surtout, par l'organisation de ces compagnies, obtenir la généralisation des assurances comme on l'a obtenue dans les assurances contre l'incendie ou bien dans les assurances maritimes.

Peut-être. Messieurs, les sociétés d'agriculture qui existent aujourd'hui presque partout pouraient-elles résoudre ce problème difficile mais non pas insoluble.

Ce qu'il y aurait de plus rationnel, ne serait-ce pas de provoquer dans chaque département une section de compagnie générale mutuelle d'assurances qui plus tard, peut-être, pourrait devenir une compagnie à indemnités fixes lorsque l'expérience et la généralisation des opérations auraient assuré la réussite.

Mais pour arriver à ce résultat il faudrait deux choses :

Premièrement, le bon marché de la prime à payer ; et secondement le bon marché de l'administration de cette compagnie.

Quant au bon marché de la prime à payer, je sais bien qu'on ne peut pas espérer un prix aussi bas que celui des compagnies d'assurances contre l'incendie. Les sinistres de grêles en effet sont étendus quand ils se produisent sur un trop grand nombre de propriétés, pour que l'on puisse espérer de les voir jamais descendre à un taux inférieur à 50 centimes pour cent, tandis que les assurances contre l'incendie ont abaissé au-dessous de 50 centimes par mille, ce qui a fait leur généralisation dans toutes les contrées civilisées.

Et pourtant les compagnies contre l'incendie ont commencé très-petitement et tout le monde sait que la compagnie générale dont les actions étaient de mille francs sur lesquels il n'a été versé, si je ne me trompe, que 500 francs, ont produit de 2 à 3,000 fr. de rente aux actionnaires.

Une compagnie formée sous les auspices et par les soins des sociétés agricoles, sans aspirer à un semblable résultat, pourrait peut-être arriver un jour à un état de prospérité suffisant pour rédimer largement ceux qui auraient le bon esprit de s'en occuper actuellement.

Le plus grand obstacle peut-être à la généralisation des assurances mutuelles d'aujourd'hui c'est le mode d'organisation et d'administration.

Dans ces sociétés en effet il y a toujours, comme nous l'avons dit, un directeur et des administrateurs à gros traitements fixes, tandis que les sinistrés ne reçoivent qu'au prorata de ce qui reste lorsque les frais d'administration ont été déduits.

Il y a là une manière de faire qui blesse le sentiment public de la justice distributive. Pour donner satisfaction à ce sentiment, il faudrait que le traitement de divers employés établi à un taux maximum fût soumis aux éventualités de la mutualité comme les indemnités accordées aux assurés. Alors personne n'aurait à se plaindre, et j'ai la conviction qu'après un certain nombre d'années d'existence, cette compagnie mutuelle pourrait être constituée, par les réserves qu'elle aurait faites, en compagnie à indemnités fixes qui payerait les sinistres intégralement, en faisant encore des bénéfices considérables qui pourraient constituer un capital social formant un apanage assuré pour l'avenir.

Cette société devrait s'administrer elle-même sous la surveillance de l'Etat comme toutes celles qui existent aujourd'hui.

Et, si ce mode ne pouvait pas convenir à tous les esprits, ne pourrait-on pas établir une caisse d'épargnes agricole unie ou à la banque de France dont elle formerait un rameau, ou bien à une banque de crédit agricole spécial qui pourrait par certaines combinaisons prêter à l'agriculture les sommes considérables dont elle aurait à disposer. Voici quelques idées générales sur l'organisation de cette caisse d'épargnes agricole.

Chaque propriétaire voulant, dans ce cas, devenir son propre assureur, aurait la faculté de verser une somme équivalente au maximum du revenu de sa propriété déclaré par lui.

Dès le commencement il pourrait, s'il le voulait, verser la somme tout entière ou bien ne le faire que par des annuités qui ne devraient point dépasser un nombre d'années déterminées d'avance.

Ainsi, par exemple, un propriétaire voudrait assurer une propriété dont le revenu maximum serait de 2000 fr. Les annuités étant fixées à 20 ans, il verserait 100 fr. par an qui produiraient un intérêt à 3 ou 4 p. % et qui pourraient ainsi par la cumulation des intérêts former une somme destinée à réparer les pertes occasionnées par les grêles ou tous autres sinistres agricoles tels que, pertes des récoltes par les gelées, les inondations, etc. Si un

2

sinistre obligeait le propriétaire à retirer partie ou la totalité de
ses fonds ce serait à recommencer, mais il est probable que, sauf
des cas très-exceptionnels cette épargne suffirait aux nécessités
des sinistres.

Ces caisses d'épargnes agricoles ne feraient-elles pas mieux, vu
notre tempérament national, dans les mains de l'Etat que dans
celles des particuliers? Je ne suis pas assez versé dans les questions
d'économie sociale pour la résoudre.

Je vous livre, Messieurs, ces idées ébauchées, sauf à les voir
compléter par des hommes compétents en ces matières, ou bien
à les voir remplacer par d'autres meilleures et plus pratiques.

Permettez-moi, Messieurs, en terminant de remercier la Société
d'Agriculture de la Haute-Garonne et son habile président, de
la gracieuse hospitalité qu'elle a bien voulu donner aux étrangers
venus à Toulouse pour admirer les merveilles de son brillant concours, et laissez-moi vous dire en dernière parole toute ma reconnaissance personnelle pour la bienveillante attention que vous
avez bien voulu prêter à ces quelques idées qu'un autre eut rendu
certainement plus intéressantes pour tous.

DE LA PRODUCTION DES VINS FINS,

DE SES AVANTAGES, DE SA POSSIBILITÉ ET DE SES CONDITIONS DANS LA RÉGION;

Par M. LAURENS,

Président de la Société d'Agriculture de l'Ariége.

MESSIEURS,

Avant d'aborder le sujet qui m'appelle à l'honneur de parler
devant vous, je sens le besoin d'écarter de la discussion deux objections qui pourraient s'offrir à la pensée de quelques esprits, et qui,
pour certain, nuiraient à la liberté d'action, de la mienne. Pour
nous mouvoir plus aisément et mieux sur le terrain que nous avons
choisi, déblayons-le, avant tout, des aspérités qui le couvrent.

La production des vins fins, dira-t-on peut-être, est une de ces vérités qui portent en elles-mêmes des caractères d'évidence tels, que c'est perdre son temps et sa peine à en faire la démonstration. Que peut-on vouloir établir en posant cette question? Son utilité? Mais qui la nie? La possibilité de sa réalisation partout et par tous? Mais qui oserait le prétendre? Ses moyens d'application et ses conditions de succès? Mais qui ne les connaît déjà, et, s'il en est qui les ignorent, n'est-ce pas sur les lieux mêmes qui les produisent et auprès des hommes expérimentés qui les obtiennent que se trouve le procédé le plus prompt et le plus sûr de les comprendre et de les suivre?

Qu'est-ce à dire, Messieurs? suffirait-il donc, pour qu'une vérité quelconque remplisse sa mission sociale, que quelques-uns seulement la connaissent et en profitent? Et n'est-ce pas en raison même de son importance et de son utilité, qu'il convient d'en révéler l'existence et d'en faciliter la participation à tous? Depuis quand une discussion sérieuse, digne, éclairée, ne serait-elle plus le foyer d'où la lumière rayonne, la source d'où jaillit le progrès?

Soit, pourrait-on dire encore. Mais, pour fournir une part quelconque de cette lumière, faut-il bien la posséder dans une certaine mesure; pour mettre sur la voie de ce progrès, faut-il bien l'avoir plus ou moins atteint soi-même. Que pourrait donc, sous ce double rapport, apporter à la discussion qu'elle vient ouvrir, la Société d'agriculture de l'Ariége, contrée dont l'importance viticole est si restreinte, et la médiocrité de ses vins si reconnue?

Il ne me serait ni impossible ni difficile de réduire, par quelques faits, cette appréciation par trop sévère à sa juste valeur. Mais, non, je veux bien l'admettre tout entière, et c'est dans cette considération même que je me crois autorisé à voir la pleine justification de la proposition que j'ai à soutenir devant vous. S'il n'appartient qu'à ceux qui occupent les premiers rangs de poser les questions pour les résoudre, il est, certes, bien permis à ceux qu'on relègue aux derniers, de les poser pour en faire l'étude et de saisir les occasions qui les mettent en présence de leurs supérieurs et de leurs maîtres, pour puiser dans leur examen et leur discussion, des enseignements qui relèvent leurs erreurs, des instructions qui comblent leurs lacunes.

Après ces déclarations, Messieurs, je me sens plus à l'aise, et je me hâte, sous la réserve de votre bienveillante indulgence, de

vous soumettre quelques considérations sur l'utilité , la possibilité
générale et les conditions de la production des vins fins.

Utilité de cette production.

Entendons nous bien d'abord. Il ne s'agit nullement ici de ces
grands vins , de ces vins de premier ordre , dont la nature et l'art
ont fait le partage, dans certaines contrées viticoles , de quelques
crus privilégiés, et devant lesquels tous les autres n'ont qu'à s'incli-
ner, mais bien de ces vins de consommation ordinaire , qui généralement sont plus ou moins communs, grossiers, désagréables
ou malfaisants , et dont on pourrait aisément faire des vins bons ,
sains , agréables , en un mot, des vins plus ou moins fins.

Y aurait-il avantage à le faire ? Il semblerait au premier abord ,
qu'il suffirait de poser la question pour la résoudre. D'un côté, l'intérêt évident du producteur est de retirer le plus de profit possible
de son produit , dont le prix est toujours en raison de sa qualité.
D'autre part, le consommateur n'a pas plus d'intérêt à préférer le
pain de froment au pain d'orge ou d'avoine, qu'il n'en a à substituer à des vins impotables ou nuisibles , une boisson saine et
agréable.

Mais ce que le bon sens indique est trop souvent en désaccord
avec ce que les faits de tous les jours nous montrent. Aux yeux d'un
trop grand nombre , c'est avant tout l'abondance et la couleur du
produit qu'il faut obtenir , même aux dépens de sa qualité et de sa
pureté. Le propriétaire, disent-ils, a plus d'avantage à récolter
quatre fois plus de vin en le vendant deux fois moins cher pour en
rendre l'écoulement plus considérable et plus facile , la faiblesse
des prix rendant seule l'usage des vins inférieurs accessible à la
masse des consommateurs.

C'est ainsi, que, depuis bien des années déjà ; on a reproché
aux propriétaires de la Bourgogne , d'avoir substitué , dans leurs
vignobles de plaine, le productif Gamai au *Franc-Pineau*, et que,
dans le Bas-Languedoc , depuis que l'oïdium a si fortement atteint
la production viticole, et aussi depuis que le système de la liberté
commerciale , si vivement acclamé dans tous les grands centres
viticoles, a fait concevoir des espérances si exagérées sur le développement des exportations, on a si fortement surexcité la production , sacrifiant la bonté à la quantité , livrant à la consommation
les produits les plus grossiers , jusqu'aux vins de chaudière , inon-

dant, par les voies ferrées, tous les autres pays, de vendange ou de vins, à des prix qu'aucune concurrence ne peut soutenir.

Tout cela n'a pu se faire qu'en altérant plus ou moins la pureté des vins. On sait que les éléments constitutifs des vins fins leur donnent naturellement une valeur propre, qui leur fait trouver en eux-mêmes, en dehors de toute addition étrangère, leurs conditions de conservation et de locomotion. Pour les vins inférieurs, c'est tout différent. Il n'est possible de suppléer à leur pauvreté alcoolique qu'en les faisant consommer de suite, avant qu'ils ne soient faits, et, pour les rendre aptes à supporter les chaleurs et les transports, il faut les soumettre à des manipulations, à des associations diverses, qui, sous les noms de plâtrage, de vinage, de coupage (1), en altèrent plus ou moins la pureté et l'innocuité.

Dans les grands centres de population, l'énormité fiscale des tarifs, en forçant à l'excès l'élévation du prix des vins, favorise singulièrement ces falsifications, ces mélanges, ces additions, qui tout à la fois en dénaturent les qualités et en décuplent la quantité, et devient ainsi un stimulant des plus fructueux pour l'industrie de mauvais aloi, une cause permanente de danger pour la santé publique, un obstacle incessant à l'amélioration du produit et à l'intérêt du producteur.

Mais ne sommes-nous pas fondés, Messieurs, à dire que tous ces tristes résultats trouveront leur plus puissant moyen d'action dans la production des vins inférieurs, les seuls sur lesquels les spéculateurs peu scrupuleux peuvent opérer plus à l'aise, parce qu'ils sont les seuls dont le bas prix, une couleur factice et une force alcoolique d'emprunt, leur permettent de réaliser les bénéfices qu'ils en obtiennent ? La production des vins fins ne serait-elle pas, au contraire, un des moyens les plus efficaces d'entraver, d'amoindrir et de faire disparaître cette industrie frauduleuse et pernicieuse, qui compromet en même temps les intérêts bien entendus du fisc, les exigences les plus légitimes de l'alimentation publique, les conditions les plus vitales du progrès?

Si tous les propriétaires entraient résolûment dans cette voie d'a-

---

(1) Il y a vinage et vinage, comme coupage et coupage. Je me propose de consacrer prochainement un article dans le Journal, sur cette question, dont la solution me paraît ne devoir comporter rien d'absolu, et à raison de laquelle je ne m'élève que contre ce que son application peut avoir d'inintelligent et d'exagéré.

mélioration en donnant cette direction à leurs soins et à leurs travaux, ils ne concourraient pas seulement à une œuvre de moralisation et d'humanité , ils témoigneraient surtout d'une profonde intelligence de leurs véritables intérêts. Ils ne peuvent guère, en effet, s'attendre, avec des vins grossiers, écoulés à vil prix, qu'à fournir aux besoins des consommations locales , mais l'accroissement progressif du bien-être général , qui se fait remarquer sur tous les objets de consommation, ne doit pas rester toujours exclusivement stationnaire sur le vin , qui entre pour une part si grande , dans les éléments d'une bonne hygiène et du vrai confort.

Aux justes exigences de cette consommation, se joindront bientôt celles non moins nécessaires de l'exportation, dont les vins fins , c'est-à-dire les vins vraiment français, peuvent seuls assurer le développement. Ce qui l'a paralysé jusqn'ici , ce qui a arrêté les effets des nouveaux traités de commerce, c'est précisément la mauvaise qualité des vins qu'on a cru pouvoir livrer impunément à la consommation étrangère et qui n'ont pu qu'en ralentir le mouvement et qu'amoindrir cet élément si fécond d'écoulement et de perfectionnement pour la production. Celle des vins fins doit et peut seule le ranimer, au contraire ; elle devient d'autant plus nécessaire , que ce n'est plus seulement à l'Angleterre, qui n'en produit pas , que nous avons à fournir des vins, mais que l'abaissement récent des tarifs va en favoriser l'introduction en Allemagne , où ils trouveront , dans la production indigène , une concurrence sérieuse à soutenir. Et s'il est vrai , comme on l'annonce, que bientôt le canal maritime de Suez sera livré à la navigation, quel immense débouché n'ouvrira pas à notre viticulture méridionale, cette voie nouvelle qui va mettre l'Océan indien comme à nos portes , et nous permettre d'expédier dans tout l'Orient , non cet opium qui énerve et dégrade l'homme , mais ce produit incomparable de notre sol , qui fortifie le corps, qui réjouit le cœur, qui excite doucement l'esprit, et qui sera , pour des populations qui l'ignorent , un élément de bien-être , un messager de civilisation.

Toutefois, Messieurs , ne l'oublions pas un instant, à ce magnifique résultat à atteindre, il y a une condition *sine quâ non* à remplir, celle de n'exporter dans ces chaudes et lointaines contrées que des vins généreux. que distinguent également leur finesse et leur solidité.

Que , par une culture moins parcimonieuse et mieux entendue, on s'efforce d'obtenir de la vigne des rendements plus considérables, rien de mieux à coup sûr, mais à une condition pourtant, c'est que ce ne soit jamais au détriment de la qualité du produit. Son amélioration doit toujours marcher de front avec son accroissement. Ces deux buts sont également à atteindre. Obtenir l'un sans l'autre, ce n'est pas un progrès, c'est une décadence. Heureusement que le problème peut aisément se résoudre, pourvu qu'on n'exagère rien et qu'on sache se tenir dans les limites du rationnel et du possible.

Ainsi, Messieurs, le mouvement ascendant du bien-être général, les lois d'une bonne hygiène, les conditions du progrès agricole, les soins jaloux de l'honneur national, tout se réunit pour faire du perfectionnement de nos vins ordinaires un imposant faisceau de considérations économiques et morales, qui, d'une question d'utilité pour le présent, tendent chaque jour à faire une question de nécessité pour l'avenir.

Possibilité de cette production.

Mais il ne suffit pas qu'une amélioration quelconque soit désirable, ce qu'il importe surtout, c'est qu'elle soit d'une application possible et générale.

Celle qui nous occupe, l'est-elle ? Je n'hésite pas à répondre, que, pour l'obtenir, il n'y a qu'à la comprendre et à la vouloir. « Pour » produire du bon vin, a dit l'éminent docteur Guyot, bienfaisant » pour le corps, bienfaisant pour l'esprit, c'est-à-dire un vin fran- » çais ; que ce vin puisse être conservé de dix à vingt ans avec » ses qualités, qu'il supporte les voyages et l'action des divers » climats : telles sont, en France, les trois conditions du problème » à résoudre pour la viticulture et la vinification, depuis le Rhin » jusqu'à Bayonne, depuis l'embouchure de la Loire jusqu'à » Nice ? »

Ne serait-ce là qu'une décevante espérance ou une patriotique illusion ? Mais, sans sortir de notre région, dans chacun des départements qui la composent, en observant ce qui se passe autour de nous, ne pouvons-nous pas en voir, chaque jour, la plus complète démonstration ? N'existe-t-il pas partout un canton plus renommé que tous les autres pour la production des bons vins ? Dans ce canton, n'y a-t-il pas une commune, dans cette commune un quartier, dans ce quartier une vigne, dans cette vigne même quelque partie dont les produits sont supérieurs à ceux de partout ailleurs ? Chacun de nous, quelle que soit la médiocrité des vins qu'il livre au débit, ne sait-il pas en faire de bien meilleur, ce qu'il appelle son vin de choix, pour son usage ordinaire, et, au besoin, pour le régal de ses amis ?

Je sais très-bien, Messieurs, que, pour ses produits comme pour ses enfants, il faut se tenir en garde contre ce sentiment de tendresse paternelle, qui fait que trop souvent on s'exagère leurs qualités et on s'aveugle sur leurs défauts. Mais toute illusion à part, en s'en tenant au fait brutal, n'est-il pas vrai que chacun fait pour le vin qu'il consomme du vin bien meilleur que celui qu'il vend ? Ce qu'il peut faire dans le premier cas, comment ne pourrait-il pas le faire dans le second ? Ce qu'il fait de mieux, quoique imparfaitement encore auprès de ce que fait son voisin, pourquoi ne pourrait-il pas y réussir comme celui-ci ? Et ainsi de l'un à l'autre, pourquoi de ce qui s'obtient de plus défectueux sur un point, n'arriverait-on pas à ce qui s'opère de plus parfait sur tel autre point du même lieu ?

Il y aurait inévitablement, sans doute, des degrés dans ce perfectionnement. La position, le sol, la température, l'intelligence du producteur donneraient toujours au produit un caractère plus ou moins accentué de supériorité ; mais le fait général d'amélioration ne serait pas moins atteint, et sa possibilité ne deviendrait pas moins une réalité. En voulons-nous des preuves plus positives, Messieurs ? Pourquoi, dans la Haute-Garonne, tous les vignobles ne font-ils pas du vin de Villaudric ; tous ceux des Hautes et Basses-Pyrénées, des vins de Madiran et de Jurançon ; tous ceux des Landes, du vin de Cap-Breton ; tous ceux du Lot-et-Garonne, de Tarn-et-Garonne, du Gers et de l'Ariége même, des produits pareils à ceux dont un connaisseur émérite, M. Guyot, a pu dire, dans ses rapports officiels, au Ministre de l'agriculture, qu'il les a trouvés excellents, *droits*, *généreux*, *d'un bouquet remarquable et constituant de vrais types de vins de table* ?

Il est vrai que ce ne sont là que des faits partiels, isolés, presque perdus sur l'ensemble ; mais c'est d'une question de possibilité et nullement d'une question d'étendue qu'il s'agit ici, et du succès de quelques-uns je me crois fondé à conclure à la possibilité du succès de tous. La logique et le bon sens disent suffisamment, que, pour faire la règle de l'exception, en cette matière, vouloir c'est pouvoir.

M'objecterait-on que ce résultat n'est pas à la portée de tout le monde ? Et en quoi, s'il vous plaît ?

Serait-ce la question d'argent qui ferait obstacle ? mais le capital foncier n'a pas besoin d'être plus élevé pour les bons vins que pour les mauvais. Nous retrouvons fréquemment ces derniers sur les sols les plus riches, et les premiers sur les terrains les plus ingrats. Une fois la plantation faite, il n'en coûte ni plus ni moins de cultiver un cépage fin ou grossier, de travailler une terre de haute ou de médiocre valeur.

Il est vrai que la position et la composition élémentaire du sol agissent sur les qualités des vins, mais pour leur donner un cachet de supériorité de plus, et nullement pour en faire une condition absolue de bonté. Ceci est encore une question de degrés et non de possibilité. Tous les terrains sont aptes à produire des vins tels que nous les demandons, tous, depuis le Rhin jusqu'à Bayonne, depuis l'embouchure de la Loire jusqu'à Nice, comme le dit si justement M. Guyot, tous, ainsi que le démontre M. Rendu, dans ce passage de son ampélographie française : « Il y aurait témérité, dit-il, à déterminer d'une manière abso- » lue le sol par excellence que préfère la vigne. En France, en » effet, on la voit réussir dans les crayons de la Marne, et résister » parfaitement aux sols lourds et marneux, tels que ceux des » meilleurs crus du Jura ; elle fait la richesse des calcaires oolithi- » ques de la Côte-d'Or ; les débris granitiques ne lui sont pas » moins favorables, les excellents vins de Côte-Rôtie et de l'Ermi- » tage sont là pour l'attester ; les vignes de la Malgue sont assises » sur le schiste ainsi que celles de Banyols ; le vignoble de Cap- » Breton repose sur un sable presque pur, et les vignes du Médoc » végètent sur l'alios (sable quartzeux agglutiné). Chaque espèce » de terrain, pour ainsi dire, se trouve donc représenté dans nos » grands vignobles et semble apte à fournir un vin distingué..... » On ne peut se dissimuler pourtant, ajoute M. Rendu, que certai- » nes bases minéralogiques n'aient aussi une action prépondérante » dans la production des vins fins. » Et, en preuve de cette asser- tion, dans les résultats de l'analyse de tous ces terrains, il si- gnale l'existence, quoique à des degrés différents, du carbonate de chaux et de l'oxyde de fer.

Mais, je le répète, c'est là une condition de prééminence et non de possibilité. D'ailleurs, la marne, qui se trouve partout plus ou moins riche en carbonate de chaux et en oxyde de fer, est assez généralement répartie en France pour qu'on puisse à peu près partout en féconder la vigne et en améliorer les produits.

Non, l'obstacle, s'il y en a, ne tient pas à une cause physique, il a une cause toute morale qui a été de tout temps le partage de l'infirmité humaine, et qui est surtout la plaie de nos jours. Si le progrès nous fait défaut, c'est parce que nous ne savons pas l'attendre, c'est parce que nous voulons en jouir trop tôt. C'est à toute vapeur que nous le cherchons, et c'est à grande vitesse que nous voulons qu'il arrive. Aussi n'obtenons-nous qu'un progrès éphémère, qu'un faux semblant de progrès, qui nous séduit d'abord, et qui bientôt s'éclipse et nous trompe. Le progrès sérieux, vrai, celui qui dure et qui reste, n'est ni le fruit d'un jour, ni le prix d'un effort. Il n'est acquis qu'à l'aide du temps, que grâce au travail, à l'activité, à la sagesse. Loin de nous en plaindre sachons en remercier la Providence, qui en plaçant toujours le bien devant nous, dans une perspective plus ou moins riante et lointaine, comme pour nous apprendre à le désirer, à le conquérir, a déposé en même temps dans nos cœurs, l'espérance qui en entretient l'amour, l'émulation qui en excite l'ardeur. la persévérance qui, pour tout, est la condition du succès.

Conditions de cette production.

Ne craignez pas, Messieurs, que je vienne faire ici un cours de viticulture. Je n'en ai ni la mission, ni le temps, ni l'intention, en eussé-je même l'aptitude. Mais sans entrer dans beaucoup de détails, nous pouvons jeter en courant quelques vues d'ensemble sur les plus nécessaires de ces conditions.

En les résumant, on peut les rattacher à des considérations d'un ordre pratique, économique et moral.

Conditions pratiques.

Ici, Messieurs, ce qui m'embarrasse, c'est d'avoir trop à dire et de ne pas savoir assez me restreindre. Essayons néanmoins.

Laissons d'abord, de côté, la question relative à la situation et à la composition du terrain. Tout en reconnaissant son importance, comme nous venons de le voir, on peut nier sa nécessité absolue, et, d'ailleurs, il est toujours possible à un viticulteur intelligent de satisfaire plus ou moins à ces exigences naturelles par des travaux habilement conçus et des amendements convenablement appropriés.

Passons légèrement aussi sur la taille et sur la culture, les exemples ne manquant certainement pas pour démontrer que, tous avec les procédés connus et pratiqués, quoique au prix de plus ou moins de soins et de frais, on peut arriver heureusement au but, si on sait diriger avec art la séve, prévenir ou arrêter la végétation parasite, tenir le sol constamment ameubli et nettoyé.

A mes yeux, une action plus décisive est réservée au cépage. Sans citer les opinions conformes des auteurs les plus nombreux et les plus autorisés en cette matière, appelons-en à l'expérience, à la logique, au bon sens.

La nature a donné à chaque homme sa vocation particulière, qui le rend d'autant plus utile à la Société et à lui-même, qu'il marche plus résolûment dans la voie qu'elle lui trace, comme elle a attaché à chaque produit du sol sa destination spéciale, dont l'efficacité est toujours en raison de la fidélité de son application. De même qu'on ne fait du pain de luxe qu'avec la farine la plus pure du froment le plus fin, on ne peut aussi espérer d'obtenir des vins fins autrement qu'avec des cépages choisis parmi ceux qui le sont également.

Qu'on pose carrément la question à tous les viticulteurs de la Charente, de la Gironde, de la Bourgogne, de tous nos crus les plus renommés, et ils vous diront s'il leur est possible de faire de la *fine Champagne* sans la *Folle Blanche*, du Château-Margot sans le *Cabernet Sauvignon*, du Clos Vaugeot sans le *Noirien*. Partout nous verrions le même fait se reproduire, le même concert se faire entendre. En prenant même nos exemples dans des régions inférieures, sans sortir du cercle de nos propres observations, ne devons-nous pas nos produits les meilleurs à quelques-uns de nos cépages les plus estimés, tels que le *Bouchalés*, qui est de la famille des *Cots*, le *Negret*, qui appartient à la tribu des *Pinots*, le *Maurastel*, le *Mausac* et quelques autres ?

Ce ne sont pas les bons cépages qui nous manquent, c'est l'art de les bien associer et surtout de ne pas les confondre dans cette variété infinie de plants fins ou grossiers, tardifs ou précoces, en tous points disparates, qui peuplent nos vignes, que nous conduisons de la même manière, que nous vendangeons en même temps, pour en jeter pêle-mêle dans une même cuve les fruits mûrs ou non mûrs. Nous ne trouverions certes pas, Messieurs, les lauréats de nos concours dans ces éleveurs, qui commenceraient par envoyer leurs plus belles vaches ou leurs juments les plus distinguées dans des pâturages communs où elles pourraient s'accoupler à leur aise avec le premier venu des plus infimes et des plus grossiers étalons. Ce n'est pas non plus ainsi que procèdent nos maîtres en viticulture. Dans aucun de nos vignobles de premier, de second ou de troisième ordre, on ne compose le vin que du produit d'un, de deux, de trois ou quatre cépages au plus, dont un domine sur tous les autres et donne au vin son cachet spécial. Dans la Côte-d'Or, c'est le *franc pineau* au moins, avec un peu de *chardenet* qui règne en maître souverain. Au château Iquem, le roi des vins blancs n'est fait qu'avec le *sémillon*, le *sauvignon* et un peu de *muscadet*. Le Tokai n'est fait qu'avec le Furmint, et le *muscat*, la malvoisie, le grenache, le Macabéo, qu'avec les seuls cépages dont ces vins portent le nom. La petite *syrah* fait le fond du vin de l'Ermitage, comme le *cot* de celui de Cahors, comme le *négret* de celui de Villaudric, et c'est aussi à ces mêmes cépages que nous devons nous-mêmes nos meilleurs vins de choix.

Mais que faire, dira-t-on? Faut-il donc arracher nos vieilles vignes et leur substituer des plantations mieux assorties? Non, Messieurs, sans recourir à ce moyen radical, ne pouvons-nous pas employer la greffe pour les mauvais plants qui résistent, ou remplacer directement ceux qui manquent par des boutures ou des plants enracinés de choix? ou bien encore, quand nous vendangeons, ne pourrions-nous pas le faire en deux ou trois fois, de manière à ne cueillir chaque fois que ceux dont la maturité est suffisante, et dont les qualités se rapprochent, au lieu de les condamner tous ensemble à cette affreuse promiscuité du bon et du mauvais qui n'engendre jamais que le pire? Hélas! Messieurs, il est triste de le dire; mais il serait encore plus imprudent de le méconnaître : dans l'ordre moral, comme dans le monde physique, il en est à peu près pour tout de même; dans sa lutte incessante avec le bien, c'est presque toujours le mal qui l'emporte, ce sont toujours les plantes utiles qui s'étiolent au contact des plantes nuisibles, toujours les mauvaises compagnies qui corrompent les bonnes mœurs. C'est là une vérité que la foi révélée a enseignée de tous les temps, et que la nature et l'expérience nous confirment tous les jours.

Sachons en faire notre profit, et puisque c'est là principalement qu'est le point faible de notre industrie, purgeons sans retard nos vignes de tout ce qui s'y trouve de médiocre, mais surtout et sans pitié de tout ce qu'elles ont de mauvais.

Et ce n'est pas seulement en cela que nous manquons à la première des conditions de la vinification ; nous négligeons encore la plupart des opérations qu'elle réclame, à l'aide desquelles on peut améliorer ce qui est défectueux , mais sans lesquelles les produits les meilleurs ne peuvent que s'affaiblir et s'altérer. Ici , Messieurs, rien n'est superflu , tout est nécessaire. Température fixe des caves , pureté et remplissage constant des vaisseaux , décantage, collage , ouillage régulier du vin , en un mot observation vigilante et manipulations opportunes , tels sont les éléments nécessaires de la conservation et de l'amélioration des vins.

En résumé , si , pour leur perfection , la nature et la position du terrain , le bon choix du cépage , l'intelligence de la fabrication , sont simultanément et rigoureusement indispensables, la dernière condition l'est toujours dans toutes les circonstances et pour tous les produits. A son aide , même avec des plants inférieurs , on peut encore faire du passable ; mais sans elle, même avec les plus fins cépages , on ne peut guère s'attendre qu'à du médiocre ou du mauvais.

Conditions économiques ou morales.

La vigne est le plus beau fleuron de la richesse foncière de la France. Elle occupe la seizième partie de son sol cultivable ; elle donne un revenu brut de près de deux milliards ; elle fournit des moyens d'existence à environ huit millions de vignerons ou d'ouvriers divers. Ses ateliers sont toujours ouverts quand tous les autres chôment ; elle ne produit encore que de 75 à 80 millions d'hectolitres de vin , un quart de moins qu'il n'en faudrait à la consommation intérieure suffisamment répartie entre tous les habitants. Aucun autre pays du monde n'a pu ni ne pourra rivaliser avec elle pour l'importance comme pour la variété et la valeur propre de cette production.

Et cependant, Messieurs, qu'a-t-il été fait jusqu'ici pour en encourager l'essor, ou plutôt que n'a-t-on pas fait pour le comprimer ? Pour un grand homme comme Charlemagne , qui fut un de ses plus zélés protecteurs , on compte quatre mauvais rois qui l'ont persécutée , et tous les gouvernements divers qui l'ont comme à plaisir accablée d'impôts. Nous ne sommes plus sans doute sous l'empire de l'édit du 7 juin 1731 , qui défendait de faire de nouvelles plantations de vignes en France, sous peine de 3,000 fr. d'amende contre les contrevenants, et d'une amende de 200 fr.

contre tout syndic de paroisse qui ne dénoncerait pas la contravention. Mais à quel luxe de charges encore n'est-elle pas assujettie, cette pauvre vigne, et dans quel labyrinthe d'entraves n'est-elle pas condamnée à se mouvoir ! Outre l'impôt foncier, qui pèse plus lourdement sur elle que sur aucune autre de nos cultures, outre les formes gênantes et vexatoires qui ne permettent pas à ses produits de se transporter et de se vendre librement comme tous les autres produits du sol, elle rencontre dans l'énormité des tarifs des octrois, non pas seulement une barrière qui lui rend si onéreuse l'entrée dans les grands centres de population, mais encore un obstacle incessant à l'extension de sa culture et à l'amélioration de ses produits.

Reconnaissons néanmoins que, au-dessus des autorités municipales, qui semblent renchérir sur les taxes et surtaxes dont elles l'accablent comme à plaisir dans les hautes régions administratives, elle semble, depuis quelques années, sinon obtenir plus de justice, du moins inspirer plus d'intérêt et jouir d'un peu plus de protection. Des inspections générales ont pu faire connaître plus exactement sa situation, ses progrès, ses besoins ; des traités de commerce ont facilité ses exportations. On assure que, dans ce moment même, on s'occupe sérieusement de donner quelque satisfaction aux doléances dont l'enquête agricole a fait connaître l'importance et la généralité.

Ne désespérons donc pas, Messieurs. Mais ne vous semblerait-il pas avec nous que le moyen le plus sûr de donner, sous ce rapport, un résultat utile à nos conférences actuelles, serait de saisir cette occasion de faire entendre notre voix, et, sans formuler des prétentions trop radicales et trop élevées, tout en laissant à la sagesse de l'administration le soin d'en combiner la nature et d'en mesurer l'étendue, de lui exprimer le vœu qu'elle fasse de la révision et d'une juste modification de la législation qui régit les boissons l'objet de sa plus pressante sollicitude ? Ce vœu est très-modeste sans doute ; mais quand le fardeau est si lourd, le moindre allégement n'est-il pas un bien ?

Toutefois, Messieurs, fût-elle plus étendue et plus complète encore, cette amélioration légale serait loin de suffire si, avant tout, les viticulteurs ne s'attachaient à chercher en eux-mêmes, par une connaissance plus exacte des faits, dans une heureuse association d'efforts, d'observations, de communications, le moyen le plus prompt et le plus sûr d'améliorer la situation et d'amener le perfectionnement de l'industrie viticole.

Reconnaissons-le encore, quelques pas heureux ont été faits dans cette voie; des publications spéciales se sont vouées à la défense et au développement des intérêts de cette industrie. Tout récemment M. le Ministre de l'instruction publique, en prescrivant l'enseignement agricole dans chacune de nos écoles normales. a fait la part de la viticulture dans le programme de cet enseignement. L'exposition universelle de 1867, qui a si fortement mis en saillie la supériorité de la viticulture française. a fait sentir à quelques hommes d'élite la nécessité d'appeler les viticulteurs de toutes nos régions à former une vaste association, dont l'objet serait de rapprocher, unir, fortifier dans l'intérêt de toutes les efforts, les expériences, les progrès de chacune. d'ouvrir des concours, de distribuer des encouragements, d'amener, en un mot, la plus précieuse de toutes les industries du sol français à cet état de perfection et de prospérité où tout l'autorise à prétendre, où tout lui permet d'arriver, et où, déployant toutes ses richesses, elle peut abondamment et partout répandre ses bienfaits.

Maintenant, que cette société se constitue à part. avec son organisation propre et en vue de sa destination spéciale, ou que, se confondant dans la grande association des agriculteurs français qui se fonde dans ce moment pour en former une de ses branches capitales, peu importe le moyen, pourvu que le but soit atteint. Je ne crois pas, Messieurs, sortir des limites de mon sujet en terminant par l'expression d'un vœu, celui que la grande masse des viticulteurs s'associe à cette œuvre, et que ses organisateurs, à l'instar des congrès des sociétés savantes. et tout en faisant de Paris le centre permanent de la direction et de l'impulsion, instituent aussi ses congrès. et qu'ils les transportent alternativement, chaque année, sur les points les plus importants de nos diverses contrées viticoles.

Alors, puissante en nombre, riche en lumières, féconde en résultats. couvrant d'un immense réseau toutes les parties du territoire, et n'en laissant aucune sans y faire pénétrer. avec ses instructions et ses encouragements. l'émulation et le progrès. cette association, qui ne nous paraît peut-être encore qu'à travers le mirage d'un brillant idéal, deviendrait bientôt une réalité vivante, si tous les viticulteurs, le savant comme le praticien, s'empressaient de s'y donner rendez-vous, et d'y travailler de concert, l'un par le rayonnement du savoir, l'autre par l'expansion de l'expérience. à discuter. approfondir et résoudre toutes ces grandes questions de science et d'application que cette riche matière comporte, et qui intéressent si profondément la grandeur nationale et le bien être social.

SUR QUELLES BASES CONVIENDRAIT-IL D'ÉTABLIR LES ASSURANCES CONTRE LA MORTALITÉ DU BÉTAIL ?

Par M. le Professeur LAFOSSE,
Membre de la Société d'Agriculture de la Haute-Garonne.

MESSIEURS,

Il y aurait beaucoup à dire si l'on entreprenait de développer toutes les raisons qui militent en faveur des assurances contre la mortalité du bétail ; mais la nature de nos réunions nous oblige à une grande économie de temps. Nous rappellerons donc immédiatement que le bétail représente un capital de 3,250,000,000 fr. sur lequel la mortalité prélève un tribut annuel qui varie entre 64 et 82 millions. Nous serons par là disposés à élever le principe de ces assurances à la hauteur d'un axiome économique, qui n'a plus besoin d'aucune démonstration ; et nous pourrons, sans autre préambule, rechercher jusqu'à quel point elles pouvaient atteindre ou manquer leur but sous les diverses formes qu'elles ont revêtues ; et comment enfin on devrait les constituer pour leur donner toute l'utilité qu'il est permis d'en attendre.

I.

Sous quelques formes qu'elles se soient produites chez nous, la plupart des assurances qui ne se sont pas restreintes à des cercles assez étroits, pour rester inconnues de la majorité des agriculteurs, n'ont été que des entreprises de spéculateurs. Les unes, exposant un certain fonds au point de vue d'un bénéfice à réaliser, se sont établies sur le principe de la prime fixe ; les autres, n'exposant aucun fonds, et dont la spéculation consistait à assurer aux gérants un traitement en rapport avec l'importance de leurs fonctions, se sont établies sur le principe de la mutualité.

On comprendra aisément que, toute crainte de fraude étant écartée, il est de l'essence même des assurances à prime fixe de se trouver, à une époque indéterminée, mais qui doit presque fatalement arriver, dans l'impuissance de tenir leurs engagements, à moins qu'elles ne prélèvent des quotes hors de proportion avec les mortalités ordinaires, et auxquelles toute personne sensée se refuserait de souscrire. Que l'on suppose en effet une telle société imposant une quote proportionnée à la moyenne ordinaire des pertes, en présence d'une épizootie semblable à celle qui, en deux années, a enlevé plus de 400,000 têtes de gros bétail à nos voisins d'outre-Manche, est-il présumable qu'elle sera nantie du capital de 120,000,000 fr. nécessaire pour couvrir toutes les pertes?

Les assurances fondées sur le principe de la mutualité ne sont pas, comme les précédentes, exposées à faillir ; mais elles ont aussi leurs inconvénients. Elles prélèvent par avance la quote qui doit être répartie annuellement entre les sinistrés. Cette quote est en rapport avec les pertes prévues. Or, il est bien démontré, par les résultats divers des statistiques de mortalités, que ces pertes annuelles n'ont jamais été rigoureusement appréciées.

Les statistiques officielles les évaluent à une somme de 40 millions de 1849 à 59. M. Perron, dans sa brochure intitulée : *Le passé et l'avenir des assurances agricoles*, les porte, pour les trente-quatre années antérieures à 1862, au chiffre de 64,825,000 fr. Enfin elles seraient, d'après M. Parent, fondateur d'une société d'assurances actuellement en fonction dans la Moselle, de 81,500,000 fr.

Du reste, connaîtrait-on la plus exacte vérité, pour ce qui concerne le passé, que l'on ne pourrait en inférer rien de tout à fait certain pour l'avenir, les mortalités étant sujettes à de très-considérables variations.

On saisit sans peine les conséquences de ces incertitudes :

Demande-t-on une quote en rapport avec le chiffre le plus faible des mortalités? Les adhérents pourront arriver, mais il y a grande chance qu'ils se retireront à mesure que l'expérience aura démontré qu'au lieu du remboursement intégral espéré, on n'obtient qu'une indemnité parfois insignifiante.

La quote exigée est-elle en rapport avec les plus fortes mortalités? On la trouve trop élevée, et l'entreprise avorte.

Admettant que la quote moyenne permette un fonctionnement

régulier de l'entreprise, pendant une certaine série d'exercices favorisés, un fonds de réserve est constitué, et il pourra suffire, lorsqu'arriveront les séries calamiteuses. Mais, pendant une durée qui pourra être longue, des fonds précieux, dont l'agriculteur a tant besoin, et qu'il eût fait fructifier, seront confiés à faible intérêt à un dépositaire qui, pour si solide qu'on le suppose, n'est jamais à l'abri des catastrophes.

Bien des variantes pourraient être apportées dans la mise en œuvre de ces sociétés d'assurances mutuelles ou à primes fixes; mais, fondées pour agir sur une grande échelle, gérées par une administration centralisée, elles prélèveront toujours sur l'agriculture, pour le service des traitements, une somme relativement considérable. Le lien par lequel les intéressés se solidarisent est, nous le craignons, une chaîne qu'ils trouveront toujours trop lourde à porter.

Des sociétés cantonales, telles que celles qui fonctionnent actuellement dans le Gers et dans la Moselle, à l'instigation ou sous le patronage de MM. Delsol et Parent, échappent jusqu'à un certain point à l'inconvénient des frais trop considérables de gestion; mais elles n'échappent pas à celui des appels anticipés de fonds déterminés, en perspective d'une perte qui ne peut l'être à l'avance, ni à celui de l'immobilisation d'une partie de ces fonds, lorsque se réalise l'hypothèse la plus favorable, je veux dire, la constitution d'une réserve, à l'aide de l'excédant des recettes sur les dépenses.

Les inconvénients essentiels qui viennent d'être signalés disparaissent dans les assurances mutuelles qui, sous le nom de *syndicats*, fonctionnent depuis longtemps dans la plupart des communes des Basses-Pyrénées.

La mutualité y est la base de l'assurance; mais ici, pas de versement anticipé. A la fin de chaque exercice, le chiffre des pertes est établi; l'appel des fonds est égal à ce chiffre, et il est proportionné, pour chacun, à la valeur que représente le bétail assuré.

Le côté faible de ces associations, c'est que les vétérinaires leur manquent. D'où il résulte que le bétail malade ne reçoit d'autres secours que ceux d'un instinct ou d'une routine aveugles, lorsqu'il n'est pas entièrement livré aux seuls efforts de la nature. C'est là un fait fâcheux, lorsqu'il s'agit seulement de maladies sporadiques ou fortuites, mais qui s'élève à la hauteur d'une calamité, lorsque surviennent des maladies meurtrières, à caractère contagieux. Nous avons vu des étables entières dévastées, faute d'avoir eu recours à la simple pratique de l'isolement, et par la confiance bien acquise d'être intégralement remboursé du sinistre. Calcul très-faux, puisque, par l'irradiation de la contagion sur la majeure partie de la commune, les associés étaient mis dans l'obligation de verser à la caisse un fonds, qui se rapprochait beaucoup du capital que l'épizootie leur avait enlevé.

II.

Comment devraient donc être constituées les sociétés d'assurances contre la mortalité du bétail, pour échapper aux différentes causes d'insuccès qui viennent d'être signalées, et pour sauvegarder, dans toutes les limites du possible, les intérêts de l'agriculture ?

Telle est la question que nous allons essayer de résoudre. Avertissons toutefois que, dans le projet, dont nous allons donner le plan, nous emprunterons beaucoup aux institutions actuellement existantes, ou infructueusement mises en œuvre, tout en leur adjoignant certains éléments qu'elles ont négligés, et qui auraient pu, ce nous semble, leur donner de grandes chances de succès.

Et d'abord, disons qu'il ne paraît y avoir des chances de durée que pour les assurances *fondées sur le principe de la mutualité,* parce qu'il leur est toujours possible de fixer un chiffre de cotisation en rapport exact avec celui des pertes éprouvées.

Cela posé, reconnaissons la nécessité d'établir une distinction entre les genres de sinistres, abstraction faite des espèces qui les subissent.

A ce dernier point de vue, nous croyons indispensable la classification suivante :

Une première classe doit comprendre les maladies épizootiques et contagieuses.

Dans une deuxième doivent se ranger les maladies dites enzootiques, dépendantes de conditions atmosphériques ou géologiques.

Enfin, dans une troisième, prennent leur place les maladies sporadiques et les accidents fortuits.

Trois groupes à chacun desquels correspondront des modes d'assurances différents.

Au dernier groupe pourra toujours s'appliquer le syndicat, ou assurance communale ou cantonale, parce que le chiffre des pertes sera relativement assez faible et n'éprouvera jamais de bien sensi-

bles modifications. — Les quotes légères seront en général suffisantes.

Pour ce qui concerne le second, l'étendue de l'assurance sera
nécessairement celle de la région ou de la circonscription où rè-
gnent les enzooties ; ce sera au plus une ancienne province, comme
la Beauce, par exemple, pour ce qui a trait au sang de rate. Les
quotes seront sujettes à variations.

Enfin, le premier groupe pourra englober le pays tout entier ;
mais il devra déterminer la formation d'une sorte de fédération,
se composant de la réunion des sociétés communales ou cantonales, et qui deviendrait d'autant plus efficace, ou atteindrait son
but avec d'autant plus de sûreté, que les éléments de la confédéra-
tion seraient plus nombreux.

La gestion et l'administration de ces associations seraient confiées
à des conseils électifs, nommés par les sociétaires dans la commune
ou le canton, ainsi que dans la circonscription où règne l'en-
zootie.

La fédération serait administrée par un conseil composé de
membres choisis, autant que possible, dans chacun de ceux des
communes ou des cantons.

Les fonctions des administrateurs seraient gratuites ; tout au
plus, le cas échéant de la nécessité reconnue d'une réunion, pour
l'examen d'intérêts généraux, pourrait-il leur être alloué des frais
de déplacement.

Par ces combinaisons, que nous croyons exécutables, car nous
avons la confiance que l'on trouvera partout des hommes assez
dévoués à l'intérêt agricole pour accepter les charges de l'administration, parce que nous savons qu'à coup sûr ils ne manqueront
pas dans nos comices et nos sociétés d'agriculture, tous ou la presque totalité des fonds versés seraient utilisés au bénéfice de
l'œuvre ; rien ne serait retiré des mains de l'agriculture, pour
constituer un capital relativement peu productif et toujours exposé à certains risques.

Il y a bien d'autres combinaisons possibles à l'égard des assurances du dernier groupe.

Des compagnies, offrant la garantie d'un capital considérable
et solidement constitué, pourront les entreprendre ; mais on tombe
alors dans l'inconvénient capital, déjà signalé, des frais onéreux
de gestion et d'administration.

L'Etat lui-même peut se charger de l'assurance, mais l'appel de fonds auquel il devra recourir, pour le service de cette institution, ne sera-t-il pas regardé comme un impôt nouveau, ajouté à ceux dont le pays supporte si difficilement le poids. Et puis, il ne faudrait pas espérer qu'il opérât avec plus d'économie que des compagnies.

En Suisse, l'Etat garantit les pertes occasionnées par les épizooties, et il a ainsi les coudées franches pour l'application des mesures sanitaires les plus rigoureuses ; il prélève pour ce service une certaine somme sur la vente de chaque tête de bétail ; mais si la mesure est bonne en elle-même, il y aurait beaucoup à redire sur la formation du capital de secours et sur sa répartition.

La *fédération* nous semble donc le procédé qui, tout en jouissant d'une efficacité certaine, répondrait le mieux à notre caractère et à nos institutions.

III.

Parlons maintenant d'un élément qui, négligé ou irrationnellement employé dans les assurances éteintes ou en fonctions, est des plus indispensables au succès de ces sortes d'entreprises ; nous voulons parler du concours de la *vétérinaire*.

Des hommes pourvus d'une instruction spéciale sont rigoureusement nécessaires au fonctionnement harmonieux et rationnel des assurances :

Le bétail pour lequel on les réclame doit être soumis à une estimation. Sa valeur est nécessairement subordonnée à des conditions physiologiques d'espèce, d'âge, d'aptitudes, d'état de santé. Lorsque les sinistres arrivent, il est indispensable d'établir si les demandes d'indemnité sont ou non acceptables, d'après la nature des maladies ou des accidents et des causes qui les out occasionnées.

Personne ne peut suppléer le vétérinaire dans ces parties du service. Combien de fois les entreprises n'ont-elles pas été dupes ou victimes des demandeurs d'assurances, mus par de mauvaises intentions ou ignorant l'état véritable de leur bétail.

C'est à d'autres titres encore que l'intervention de la vétérinaire se recommande à ces sortes d'entreprises.

La maladie assez grave pour devenir mortelle n'est pas de nature à nuire aux qualités nutritives des chairs, à l'utilisation des dépouilles ; si le débouché existe , l'abattage est ordonné , la perte devient insignifiante.

La maladie est contagieuse, l'appel du vétérinaire est obligatoire : aux premiers signes , des mesures sanitaires provisoires sont aussitôt ordonnées ; les autorités sont sans délai mises en demeure d'intervenir , armées des mesures édictées.

Le mal est étouffé sur le lieu même de son apparition ; tout au moins sera-t-il limité à un rayon bien court. L'expérience vient de prouver au sujet du typhus que, par la combinaison de la vétérinaire avec l'administration , une infranchissable barrière avait été opposée à ce terrible fléau. Nous pouvons lutter avec le même avantage contre toutes ces épizooties de charbon, de sang de rate, de morve , de clavelée , à la condition d'établir le même concert de surveillance, d'investigation et d'efforts.

Mais l'utilité de la science se relève encore à un autre point de vue.

Les causes originelles des maladies , notamment de celles qui ont le caractère contagieux , sont encore en général à l'état de problèmes attendant leur solution. Presque tout est à faire pour en tarir les sources, ce qui doit être le but final de la science , qui aura toute son importance économique le jour seulement où elle l'aura atteint. Pour qui donc sont les chances de réussite dans cette voie, sinon pour nos vétérinaires des campagnes ? Qu'ils soient aussi attachés aux sociétés d'assurances comme agents préventifs des maladies ! Résidant sur les lieux où elles prennent naissance, ils assistent à leur début , alors que leur cause est encore existante, ils arriveront à la saisir avec le seul secours de leurs propres lumières, et, à supposer que les moyens d'investigation leur fassent défaut , ils trouveront toujours dans les trois centres que nos écoles mettent à leur portée, grâce à la rapidité des communications, une assistance qui ne peut être douteuse.

Il est permis de prévoir qu'à l'aide du temps la plupart des maladies seraient prévenues ; que les travaux , affectés par le bétail , éprouveraient de moins fréquentes perturbations et que les produits qu'on en attend deviendraient de moins en moins chanceux.

Quant aux *honoraires* du service vétérinaire, ils pourraient être fixés sur le taux actuel des abonnements presque partout en usage dans nos campagnes,

RÉSUMÉ ET CONCLUSIONS.

Sacrifiant aux circonstances, nous avons si brièvement exposé les causes d'insuccès de la plupart des grandes assurances jusqu'ici instituées, qu'il n'y a nulle nécessité de résumer ce qui a trait à la critique dont elles ont fait l'objet ; mais, afin de rendre plus lucide à l'esprit de tous l'exposition du plan que nous avons établi, nous croyons devoir le condenser en quelques propositions qui pourront, après discussion, servir de bases aux résolutions à intervenir.

Les assurances contre la mortalité du bétail doivent être fondées sur le principe de la mutualité.

Elles doivent être de trois sortes :

1° Sociétés communales ou cantonales, fonctionnant isolément, au point de vue des maladies sporadiques et des accidents fortuits — avec administration élective formée de membres appartenant à l'association.

2° Sociétés régionales, ayant trait aux maladies enzootiques, — administrées par des sociétaires élus dans la région.

3° Sociétés générales ou fédératives composées des associations communales ou cantonales, avec conseils d'administration, choisis au sein des conseils communaux et par leurs soins ; fonctions des administrateurs gratuites, tout au plus indemnités de déplacement.

Traitements des vétérinaires établis sur la base de l'abonnement communal ;

Appel de fonds à la fin seulement de chaque exercice.

Par ces simples combinaisons, sans lui imposer des charges nouvelles, on arrive à donner toute sécurité à l'agriculteur, pour ce qui concerne la conservation ou le renouvellement de son capital bétail ; parce qu'au lieu de l'isolement de chacun règne la solidarité entre tous ; parce que les ressorts de notre législation sanitaire sont toujours mis en jeu avec opportunité ; parce que la science, plus étroitement liée à la cause agricole, acquiert des lumières dont celle-ci recueille les bénéfices. Finalement, on entrevoit que l'ère des ruines individuelles et des calamités publiques, occasionnées par les grandes mortalités, doit se fermer dans un avenir qui ne peut être éloigné.

LE VINAGE ;

Par M. R. DEJERNON ,

Membre de la Société d'Agriculture des Basses-Pyrénées.

MESSIEURS,

La Société d'agriculture des Basses-Pyrénées m'a envoyé vers vous. — Si je n'avais consulté que mes forces, j'aurais dû reculer devant ce périlleux mandat ; mais, sincèrement dévoué à la viticulture, certain du rôle immense qu'elle doit jouer dans nos Sociétés modernes, j'ai pensé que l'obscurité du combattant ne devait pas faire abandonner un poste d'honneur , et que la tâche me serait rendue facile par votre indulgente et bienveillante attention.

Il m'a semblé aussi, qu'en agriculture surtout, les convictions devaient s'affirmer, et que j'aurai rempli un devoir en vous disant librement la mienne, laissant aux opinions contraires la même liberté.

Je viens vous soumettre mes idées sur le vinage ; idées qui me paraissent favorables aux progrès de vos contrées, aux intérêts généraux de notre Société, comme à ceux de la viticulture. — Si la compagnie qui me fait l'honneur de m'écouter acceptait ma manière de voir, si elle cherchait à la répandre ou à l'appliquer, elle trouverait sans doute sur sa route bien de préjugés à vaincre, bien d'inquiétudes à calmer, bien d'intérêts à faire taire..... Mais elle triompherait, j'en suis sûr, de tous les obstacles, parce qu'elle se compose d'hommes qui, avec le sentiment du devoir et de la position élevée qu'ils occupent, tendent sans cesse, par leurs propres efforts, par leurs conseils, par leur direction, à réaliser tout ce qui peut être un bien matériel ou moral pour leur pays.

J'aurais voulu dire tout ce que comportait le texte de la question annoncée; mais ma volonté a été vaincue par l'étendue de mon sujet ; je ne vous entretiendrai donc que du vinage.

Cette étude entraînera avec elle des développements de prin-

cipes abstraits et quelques chiffres ; je crains qu'elle ne paraisse
aride et sèche..... Mais, on l'excusera, si l'on songe que j'ai cherché
à atténuer l'antagonisme qui existe entre certaines vignes du Midi
et les autres vignobles de France, et à faire naître la pensée que
ces deux forces sont nécessaires l'une à l'autre, et toutes deux à
l'intérêt national.

Je sais que je puis rencontrer ici des oppositions, dont je ne
veux m'affaiblir ni la gravité ni l'importance... Mais ce qui m'a
soutenu, c'est que je sais aussi que, quand on sert la vérité plutôt
que les intérêts, et qu'on est guidé par une idée utile, il arrive
que bien souvent on part seul et qu'on revient légion ; — et ce que
j'espère, c'est que, devant le but que nous voulons tous atteindre,
que nous poursuivons tous, l'intérêt public, les dissentiments et
les désaccords viendront s'évanouir ou se fondre dans une heureuse et sympathique entente.

Le vinage est une opération qui consiste à verser sur les vins
faibles une certaine quantité d'alcool, soit au moment du premier soutirage, soit au moment de l'expédition.

De 1816 à 1852, période pendant laquelle le Midi ne jouissait
pas de ce monopole, cette contrée produisait des vins et des eaux-
de-vie à des prix rémunérateurs ; — mais devant l'oïdium et le
déficit qu'il amena dans la production naturelle des boissons
fermentées, on autorisa le vinage. — Celui-ci paraissait indiqué
par la disette des vins, rapprochée de la surabondance des alcools
du Nord et de la multiplication des plants grossiers qui s'étaient
d'autant plus répandus qu'ils étaient moins atteints par la maladie.
Cette législation régit la France jusqu'en 1864 ; année où elle fut
rapportée, malgré la plus vive opposition soulevée par les distil-
lateurs du Nord et les producteurs du Midi.

Aujourd'hui nouvelle levée de boucliers en faveur du vinage.
Les industriels du Nord réclament le privilége de verser sur les
vins leurs alcools rectifiés, au droit de 20 fr. par hectolitre...
A l'aide de sophismes économiques, ils essaient d'écarter les principes de loyauté et de délicatesse, à l'abri desquels s'est formée et
a grandi notre réputation viticole.

A notre époque, on observe, pour peu qu'on regarde avec soin,
comme une sorte de défaillance, de faiblesse morale qui touche,
énerve et décompose quelques membres des classes industrielles
ou financières de la France... ; on dirait qu'ils n'ont plus foi en

rien, qu'ils ne respectent rien ; il n'y a plus chez eux ni illusion , ni enthousiasme,... un seul but, le bénéfice ;... justice, conviction, dignité rien n'y est solide ; ces hommes doutent de tout, et le doute a tué la conscience.

Les producteurs de betteraves se sont lancés dans une culture qui leur a rendu déjà d'immenses profits, et cela depuis longues années. Sollicités à une plus forte production par l'oïdium, qui semait la ruine dans les vignobles français , ils ont étendu leur exploitation et multiplié leurs bénéfices. Ils ont si bien cru être à tout jamais les maîtres absolus du sort et des destinées des vins , qu'ils ont mal dissimulé leur dépit, lorsque le Midi en brûla une partie. Ils trouvaient logique de faire interdire ce droit au vigneron ; et, dans leur naïf aveuglement , ils jetèrent ce cri tant de fois répété : « L'alcool de betterave doit être un auxiliaire de la vigne. — Voici les termes mêmes qu'ils emploient dans une pétition adressée à l'Empereur : « Les départements du Midi avaient à peu près renoncé à l'extraction de l'alcool de leurs vins avant la loi de 1864. Le Nord était devenu *la source* d'où ils tiraient, chaque année , pour *l'impérieux besoin de la conservation* et de *l'écoulement de leurs vins en France et à l'étranger ,* des quantités d'alcool qui s'élevaient de 150 à 200,000 hectolitres. Le Midi faisait alors *des masses de vin que le Nord améliorait et conservait par son alcool , au grand profit de la classe moyenne et ouvrière.* »

Tels sont les motifs sur lesquels s'appuient les vineurs ; motifs qui ne renferment que des allégations erronées ou coupables , et que je veux réfuter aujourd'hui.

Il est temps d'aviser, car le mal est à son apogée. — Une partie de la population du Midi demande son bien-être à des faits que réprouve la morale, et qui finiront par entraîner sa ruine , tandis que , privilégiée par son soleil, par ses terrains, par la nature de ses produits, elle trouverait dans la viticulture mieux comprise, dans une plus judicieuse vinification une fortune qui, loin d'être à la merci des règlements ou des priviléges , se constituerait d'une façon féconde et durable.

On le voit ; le Nord a produit avec surabondance, et il ne sait où écouler ses produits ; aussi rêve-t-il le dégagement de ses caves entassées, en même temps qu'un avenir qui lui assurera une fortune continue, fût-elle basée sur la ruine de l'industrie qui a fait la force et la supériorité de la France ; et, pour atteindre ce but,

il lui faut un monopole ; il le demande ; il le poursuit ; il en
fatigue..... Qu'importe la vie et les intérêts de 80 départements ?
— Le Nord ne veut pas qu'on fasse des vins salubres ; il ne veut
pas non plus qu'on distille les petits vins ; à quoi cela est-il bon,
puisqu'il a ses betteraves... Mais l'honneur du commerce ; mais la
loyauté de l'exportation ; mais la fortune publique ; mais l'intelligence de la France ; mais les crimes qui se multiplient, provoqués
par l'abus des alcools..... qu'importe ? Il lui faut un monopole,
il lui faut un privilége ;... ses caves sont pleines ; ses champs sont
plantés ;... il veut tout transformer en argent ; et devant cet intérêt si puissant, que sont la grandeur, la moralité, la richesse,
l'avenir d'un peuple !...

L'âpre désir du gain, une cupidité sans honte peuvent-ils per-
vertir à ce point les notions du juste et de l'injuste, et fausser
l'honnêteté en même temps que le bon sens !

Cependant, après tant d'années désastreuses, la vigne, sauvée
par le soufrage, refleurit verte et riante, et cherche à réparer les
maux qu'elle a subis ; elle veut se relever de sa ruine par une production plus perfectionnée et plus abondante ; elle sait qu'elle est
pour beaucoup dans l'intelligence de la France, et elle veut noble-
ment jouer son rôle ; elle connaît la route féconde qui lui est tra-
cée ; elle veut la parcourir pour le bonheur de tous ; elle a pour
armée quinze cent mille pères de famille, gais et courageux, qui
n'entendent pas qu'une industrie financière, la betterave, puisse
souiller et déshonorer ses produits. Sa mission civilisatrice, bienfaisante, colonisatrice, elle l'accomplit depuis des siècles, et veut
la continuer ; elle est jalouse de sa place à l'air et au soleil, et
ne consent pas à la céder à cet enfant malsain, envieux et personnel, à la betterave, qui ne peut prospérer qu'à l'ombre et dans
l'humidité.

Et d'abord, que demande le Nord ? C'est de facturer la fraude,
d'en faire le commerce... Est-ce que le vinage n'est pas de la trom-
perie sur la nature et la qualité de la marchandise vendue ?... La
loi frappe tout marchand qui ajoute à sa denrée une matière étrangère ; elle proscrit tout mélange au pain, au lait, au vin, fût-ce
de l'eau, c'est-à-dire, une matière inoffensive, et elle admettrait
le mélange de l'alcool au vin quand il est établi que ce mélange
est dangereux et nuisible à la santé !... Toute livraison d'un produit autre que celui annoncé à la vente est une fraude ; — toute
substitution d'une denrée à une autre est une fraude ; toute opéra-

tion qui a pour but de la faciliter est une complicité de fraude.
— Et l'on pourrait permettre de vendre, sous le nom de *vin*, une boisson qui se composerait de trois-six et de vinasses décomposées, ou de jus fermentés qui ne sont pas nés viables ? — Oui, **M.** de Champvans a peint tout le vinage quand il a dit, que ce qu'on sollicitait, l'abaissement des droits, n'était que « la faculté légale de falsifier le vin. »

L'ouvrier demande au vin une partie de sa nourriture. Quand il en boit, il mange moins de pain. — Le vin est donc, en même temps qu'une boisson, un aliment ; et le dénaturer, c'est commettre le délit de falsification de denrées alimentaires..... Puisqu'on intervient pour empêcher toute fraude sur le pain, ne devrait-on pas intervenir pour conserver pur et intact le produit de la vigne ? Et quand la loi défend de falsifier toute substance alimentaire, comprend-on qu'on réclame le droit d'additionner, de mixtionner, de sophistiquer le vin ?

Le vinage ne vient-il pas aussi en aide au vol, lorsque, encouragé par la prime de l'octroi et de l'impôt, il permet à son ombre le débit de toutes ces boissons effrontément qualifiées du nom de vins, et qui ont été fabriquées artificiellement, sans un grain de raisin, avec du trois-six et des éléments quelconques plus ou moins nuisibles ? L'abaissement des droits sur l'alcool serait l'encouragement le plus formel à la fabrication illimitée de telles mixtures et à la violation de la loi. — On devrait être, au contraire, d'autant plus sévère contre ces sophistications, que la fraude en est plus facile, et qu'en même temps qu'elles sont une atteinte contre la propriété, et constituent un vol et une escroquerie, elles ont pour résultat de détruire la santé publique.

L'expérience et la science ont prononcé ; et tout le monde sait aujourd'hui que l'alcool ajouté au vin ne prend aucune des propriétés qui distinguent l'alcool qui est produit par la fermentation naturelle ; il est là, en contact avec le vin, sans lui rien emprunter, sans lui rien céder ; l'alcool se mêle au vin sans s'incorporer avec lui ; ce mélange ne constitue jamais un liquide homogène ; toutes les tentatives faites n'ont pu le transformer : qu'il soit ou non étendu d'un liquide quelconque, il garde ses propriétés nuisibles ; il communique son virus délétère : et l'ouvrier qui, croyant avoir acheté du vin naturel, n'a reçu que du vin viné, et qui en sert à sa femme et à ses enfants, leur verse goutte à goutte le breuvage qui va flétrir leur santé, détruire leur vigueur, paralyser leurs membres, éteindre leur intelligence.

Ce principe de la non-assimilation de l'alcool par le vin , de la séparation de ces deux liquides, se comprend, si l'on veut réfléchir que la nature se suffisant toujours à elle-même , a su introduire en proportion convenable dans la fermentation vineuse les corps auxiliaires indispensables à cette opération ; que cette fermentation étant complexe et employant des aides nombreux et différents, ses causes , quelques-unes du moins , ont échappé jusqu'à ce jour aux investigations de la science ; et qu'ainsi, puisqu'un voile mystérieux couvre encore en partie les conditions de ce phénomène , il était impossible de faire renaître au moment du mélange artificiel l'équilibre premier créé par la nature.

La science aussi a tracé la ligne de démarcation qui sépare l'alcool industriel de l'alcool produit par la distillation du vin; elle se trouve indiquée par M. Henri Machard (de Besançon), dans les mots suivants : « Les alcools de toutes origines , (betteraves , pommes de terre , grains) sont bien à peu près formés des mêmes principes spiritueux que l'alcool de vin ; cependant ils s'en éloignent tous plus ou moins , par certains éléments de leur constitution : aussi, presque toujours, donnent-ils lieu à des effets très-différents. »

Ces principes posés, il ne faut pas oublier non plus que le vin est un être vivant, ayant son enfance , sa jeunesse , son âge mûr , sa vieillesse. — Il a ses maladies, ses infirmités , selon sa race et les soins qu'il a reçus ; on lui doit une éducation différente selon sa constitution, son origine, le climat sous lequel il est né. — Les vins sont comme les hommes : il en est d'extraction basse et de dispositions naturelles vulgaires qui doivent rester humbles , et dont tout traitement, surtout le vinage , fait des monstres ; d'autres francs , élevés, sont de nature personnelle ; ils ne peuvent supporter ni mélanges avec d'autres vins, ni contact d'un corps étranger ; d'autres, mauvais ou presque mort-nés ne doivent pas être encouragés, parce qu'ils peuvent devenir dangereux et perfides par les opérations chimiques qu'on leur fait subir.

Donc, quand le vin est fait, il ne peut pas se combiner avec l'alcool, quel qu'il soit ; et le mélange est une atteinte à la santé de tous ; il devient un poison pour le système nerveux.

On lit dans une pétition adressée à l'Empereur et signée par vingt députés et quarante sénateurs, une phrase qui peint sous son vrai jour les conséquences funestes du vinage : « Les alcools rectifiés tuent la vie , comme ils tuent la fermentation ; ce sont des agents de maladie et de mort. Demander le droit de mêler aux vins les alcools rectifiés, c'est réclamer un triste privilége : les pétitionnaires ne s'en doutent pas : car ils demandent plus que la ruine d'une grande culture, ils demandent la ruine physique et morale d'une grande nation. »

Tandis que le vin naturel supplée d'une façon providentielle à l'insuffisance de l'alimentation de l'homme et exerce sur son organisme l'influence la plus heureuse, l'alcool, surtout celui du Nord ou des distilleries étrangères agit sur les tissus de l'estomac qu'il désorganise, a une action désastreuse sur l'intelligence et les nerfs, détruit les forces et pousse insensiblement à la mort. Liébig a dit : « L'eau-de-vie, par son action sur les nerfs, est comme une lettre de change tirée sur la santé de l'ouvrier, et qu'il faut toujours renouveler faute de ressources pour l'acquitter. Il consomme ainsi son capital au lieu des intérêts, et de là inévitablement la banqueroute de son corps. »

Faites boire journellement à un homme de l'alcool, dédoublé ou non, et l'hygiène nous apprend qu'il va perdre, dans un abrutissement précoce, la force et l'adresse, l'intelligence et la moralité, la prévoyance et l'esprit de famille... Songera-t-il, à défaut de ces vertus sociales, à l'aisance privée qui fait la fortune publique, au travail, à la liberté, sources éternelles de tout progrès social?

Singulière inconciliation ! Si l'on devait consommer séparément les éléments divers dont se compose le vin vendu dans les villes, on comprendrait le danger de ces absorptions ; et par cela seul que le mélange est fait et qu'on le boit d'un seul coup, on croit être à l'abri des maux qu'il amène avec lui.

Peut-on fournir un enseignement plus significatif que celui que renferment les paroles suivantes de Magnus Hus : « Les choses en sont arrivées aujourd'hui à un tel point que, si les moyens énergiques ne sont pas employés contre une habitude aussi fatale, la nation suédoise est menacée de maux incalculables... Le danger que fait courir l'alcoolisme à la santé physique et intellectuelle des populations scandinaves, n'est pas une de ces éventualités plus ou moins probables ; c'est un mal présent dont on peut étudier les ravages sur la génération actuelle... Il n'y a plus moyen de reculer devant l'application des mesures à prendre, dussent ces mesures léser bien des intérêts! Mieux vaut-il se sauver à tout prix que d'être obligé de dire : Il est trop tard. »

Devant ces tristes résultats, devant les protestations de la science médicale, tous les hommes qui ne se désintéressent pas de la santé publique, de l'avenir, de l'intelligence, de la grandeur de la France, ne doivent-ils pas s'élever contre cette désastreuse pratique? Pourront-ils résister au désir de lutter contre une fraude qui peut bien alimenter la vie d'un certain nombre d'industriels, et leur procurer une fortune; mais qui, pendant ce temps-là, fait mourir journellement des masses d'hommes d'une avilissante et déshonorante maladie.

Veut-on l'opinion d'un viticulteur et d'un hygiéniste ! Voici les paroles du docteur Jules Guyot : ici la conviction est aussi sensée que profonde. — Le bien public l'a semée, l'étude l'a mûrie; la reconnaissance de tous doit la recueillir : « La science a reconnu que plus les produits végétaux et animaux s'approchaient de la pureté chimique, c'est-à-dire que, plus ils tendaient à constituer ce qu'on appelle un principe immédiat, moins ils se prêtaient à l'alimentation, c'est-à-dire à l'assimilation par nos organes : le vin, l'eau-de-vie, le trois-six et l'alcool absolu offrent une des applications les mieux démontrées de cette loi... Le vin est un des aliments les plus solides et les plus vrais dont l'homme puisse se nourrir. — Il est démontré par une longue habitude qu'un ouvrier est plus fort, travaille plus et avec plus d'intelligence avec un kilogramme de pain et un kilogramme de vin pur, qu'avec deux kilogrammes de pain et de l'eau. Il est démontré que l'eau-de-vie à 50 degrés est beaucoup moins assimilable que le vin, qu'elle est un stimulant agréable et utile souvent, mais non un aliment... Il est démontré que l'alcool est un poison qui n'est ni utile ni agréable dans l'alimentation; il ne s'assimile en aucune façon. Eh bien ! cet alcool ne fait pas plus de l'eau-de-vie quand il est étendu d'eau, que l'eau-de-vie ne ferait elle-même du vin, et plus l'alcool a été élevé, plus il devient destructeur de l'organisation. » Cela se comprend si on admet avec Lallemand et Perrin dans leur travail sur l'alcool, travail si remarquable à tant d'égards, le rôle qu'il joue dans l'économie vitale. « Les expériences précédentes, disent-ils, ont pour but d'établir que l'alcool ingéré dans l'estomac est absorbé par les veines, qu'il pénètre dans le sang, qu'il se répand sans être modifié, altéré ni décomposé, dans tous les tissus, dans tous les organes, et qu'il s'accumule, en raison d'une sorte d'affinité élective, dans certains viscères, tels que le foie et l'encéphale. »

L'usage exagéré ou habituel des alcools devrait être battu en brèche par la philosophie comme par la médecine; parce qu'il est l'agent le plus énergique qui s'oppose à la marche ascendante de l'humanité. — Ce n'est pas le vin viné qui fortifie le corps, aiguise l'esprit, réjouit l'âme. — Le vinage n'est qu'un masque avec lequel on veut couvrir les ulcères des vins ; et si l'on pouvait arracher ce masque, on verrait qu'il a tout dévoré.

Bouchardat a dit : « Les progrès de l'humanité seront, non-seulement entravés par l'abus des liqueurs fortes, mais encore une marche rétrograde est imminente, si l'on ne porte remède à ce fléau. » Et un médecin distingué, M. Rufz, qui a séjourné long-temps aux Antilles, attribue les trois-quarts des morts prématurées des nègres à l'usage du tafia. — Le vinage n'est donc qu'un arrêt au progrès, une prime à l'ignorance ou à la cupidité paresseuse, une attaque à la bourse, à la santé, à la vie du pauvre.

Et cependant, qu'on arrache, dit le Nord, les plants fins ; qu'on leur substitue les plants grossiers ; qu'importe la qualité, pourvu que la quantité y soit. — Il lui plaît, à un point de vue intéressé, de faire de l'alcool plutôt que du sucre... Et cette fantaisie de lucre doit tuer, détruire, anéantir l'industrie nationale par excellence, la vie et la fortune de quatre-vingts départements ! — Avec de l'eau rougie et de l'alcool de pommes de terre ou de betteraves, on fait du vin qui rapporte des millions ; peu importe la mort que ce breuvage répand. — Et c'est à visage découvert qu'on professe cette funeste doctrine, que, puisqu'il y a de l'argent à gagner, tous les moyens sont bons ; — n'avoir en vue que le profit ; sauter à pieds joints sur les sentiments qui toujours ont fait la force comme l'honneur de l'humanité... Est-ce qu'avant de songer à faire une fortune, il ne faut pas songer à faire son devoir ?

L'alcoolisme est un fléau qui ruine les générations plus que certaines maladies ; l'extérieur de l'homme adonné aux boissons fortes change sensiblement : la figure dénote l'hébétement et la paresse ; les muscles deviennent flasques et le corps maigrit ; l'intelligence s'affaiblit, elle n'a plus d'enthousiasme ; la mémoire se perd ; l'abus des alcools produit la plupart des aliénations mentales que renferment nos asiles. — Esquirol rapporte que de 1826 à 1835, il a été admis à Charenton 1,557 aliénés ; et que 134 avaient perdu la raison par l'abus des alcools — Morel, sur 1,000 aliénations mentales observées, en attribue 200 à cet agent. — Dans la statistique de France, on trouve qu'en 1853, il y a 1,502 aliénés qui doivent leur triste état à l'alcoolisme. — M. Brierre de Boismont, affirme que sur 4,595 suicides constatés en France, 530 ont

été occasionnés par l'alcool. — Si l'on fouille les statistiques judi-
ciaires, on s'épouvante en s'apercevant qu'elles sont en grande
partie pleines de faits attribués à des hommes qui abusent de
l'alcool. — Dans la *médecine des passions*, on constate qu'il est plus
terrible, plus meurtrier qu'une épidémie, qu'une peste, qu'une
guerre. — Par son abus on n'a plus, selon l'expression de Jacques
Arago, que la vie sans le cœur, le mouvement sans la volonté, les
yeux sans le regard, la parole sans l'intelligence; toutes les misè-
res renfermées en une seule. — Les lettres et les arts font remonter
à l'alcool la mort d'Hégésippe Moreau, ce poëte qui éteignit dans
l'eau-de-vie les dons charmants qu'il devait à Dieu; de Lantara,
ce peintre si merveilleusement doué, à qui la lumière avait dit
tous ses secrets, et de tant d'autres. — Le spleen des Anglais ac-
cuse les alcools; par l'abus des vins survinés, ils en sont arrivés à
cette cruelle maladie qui n'est autre que l'hypocondrie, et qui les
conduit à l'ennui, au dégoût d'eux-mêmes et de tous. — Les alté-
rations morbides qu'on observe déjà parmi nous ont pour principale cause l'abus des alcools non combinés. Nous avons déjà les
blasés de l'amour; que le vinage se continue, et nous aurons aussi
les blasés de l'alcool; deux catégories d'êtres qui sont à plaindre.

Voilà ce qui est vrai, incontestable, appuyé sur les données et
les observations médicales et scientifiques; et l'on ne doit plus,
dans une société moralement organisée, permettre, pour aider à
un bénéfice pécuniaire quelconque, de nuire ouvertement à tous
les principes honnêtes, comme à l'intelligence, à la santé, à la
vie des hommes.

On voit quels tristes résultats hygiéniques sont dus à toutes ces
boissons composées par une insatiable avidité, d'autant plus con-
damnable qu'elle a essayé de se cacher, pour mieux lancer ses
traits, sous le manteau de la philanthropie.

Le prétexte qu'on jette en avant pour colorer le monopole qu'on
réclame, consiste à dire que le vinage ne s'adresse qu'aux petits
vins, à ceux qui sont d'une qualité si inférieure que, sans lui,
ils ne pourraient être utilisés; que c'est là la boisson du peuple,
de l'ouvrier, du travail; et que, sans cette pratique, le pauvre ne
pourrait réparer ses forces et boire du vin à ses repas : — Prétexte
indigne, qui veut innocenter le vinage, sous ce motif qu'il ne peut
altérer que les veines du peuple !

Quand on permet la vente de vins vinés à bas prix, et qu'on les
destine à la classe pauvre, à qui on les donne comme une boisson

généreuse et capable de relever ses forces , on n'aide pas seulement à l'appauvrissement de l'ouvrier par la vente d'une mixture sous un nom supposé, mais encore on lui sert un poison qui peut le conduire, dans une époque plus ou moins rapprochée, à la faibesse et à l'abrutissement. — Devant cet intérêt humain, la question du gain ne devrait-elle pas disparaître , ou bien faut-il, de crainte de paralyser pour l'écoulement de leurs produits certaines industries, condamner à tout jamais des milliers de familles, plus de la moitié de la France , à subir un système légal d'empoisonnement.

D'après le docteur Georges Pennetier , les ouvriers de Rouen ne sont pas dupes de ces sensibleries humanitaires , et dans leur langage expressif et énergique, Ils appellent *roulante*, *cruelle* , l'eau-de-vie produite par la distillation de la betterave, comme la boisson qui se fabrique avec elle. — Si , du moins, la loi française réprimait comme la loi américaine cette coupable cupidité.— Aux Etats-Unis, un homme meurt par ivresse ; il avait bu trop de vins fortement alcoolisés. Sa veuve intente une action en dommages-intérêts contre les marchands qui vendaient habituellement à son mari leurs vins ainsi préparés; les juges ont condamné les deux débitants , l'un à 500, l'autre à 200 dollars d'indemnité ; en tout, 3,500 francs de dommages-intérêts. — Et le Nord veut en France ériger en privilége l'acte que la libre Amérique condamne et punit.

L'on dit aussi : « Mais ces vins sont pour l'Angleterre. » Comme si on avait le droit de duper l'étranger ; comme si l'amour de l'or pouvait étouffer la religion du drapeau !

Mais, dit-on encore, la récolte de 1866, par exemple, est détestable ; personne ne veut des vins produits par cette calamiteuse année. Que faire de ces liquides qui représentent tant de soucis , tant de travail , tant d'argent ! Le commerce, d'accord avec le Nord , d'accord même avec la science , répond qu'on peut les utiliser en les vinant. (Voilà un corps mort ; donnez lui 18 degrés d'alcool de betterave et vous le galvanisez ; vendez-le ainsi préparé, et il vous rapportera un capital qui sera l'ample représentation de vos labeurs ; tant pis pour qui le boira ; du reste, exportez-le.) Et l'alcool prussien de pommes de terre et l'alcool français de betteraves vont se réjouir et se féliciter de ce qui est un malheur public.... Et l'on paraît oublier que l'argent qui paie cette mixture est le produit du travail. — L'ouvrier a cherché dans ce vin un réparateur de ses forces épuisées ; il y trouve la faiblesse, l'hébétement, la mort.... Loin d'encourager un tel trafic , comment le qualifier, comment le poursuivre , comment le punir ?

Mais, va-t-on m'opposer, vous portez atteinte à la liberté commerciale! — La liberté! je la veux en commerce, en industrie, en politique, partout ; mais quand elle dégénère en fraude, elle doit être marquée au front... Que chacun soit libre d'en agir comme il l'entend, quand il se meut dans les limites de la loi morale ; mais qu'il ne puisse chercher la fortune dans des actes flétris par la conscience publique. — La liberté est la faculté qu'a chacun, d'user de tous ses droits, sans nuire aux droits des autres. Elle ne peut donner le privilége de tromper ; c'est-à-dire de vendre sous le nom de vin une denrée qui n'est que le mélange de divers éléments, soumis eux-mêmes à de nombreuses manipulations. — Elle doit s'arrêter là où commence le dol ; dol vis-à-vis de l'acheteur qui reçoit une sophistication au lieu de vin pur ; dol vis-à-vis du créateur de produits bons et loyaux, qui les verra délaissés à cause d'un commerce qui met l'intérêt au-dessus de la conscience ; dol vis-à-vis de la nation, attaquée dans sa consommation intérieure, dans son exportation, dans sa principale industrie, dans sa loyauté, dans sa prépondérance, dans la vie de ses enfants. — Je veux la liberté pour tous les produits et l'égalité entre tous les producteurs ; mais je ne veux pas qu'on invoque la liberté quand on réclame un monopole, quand on pétitionne pour un privilége. Est-ce que la liberté est violée, quand la loi entrave l'industrie des voleurs et des meurtriers? Est-ce que la Société n'a pas le devoir de déjouer et de punir les manœuvres qui portent une grave atteinte à la fortune comme à la santé de tous ? Est-ce qu'il n'est pas indispensable qu'il y ait des lois protectrices de la vie et des biens des citoyens? — Qu'on ne parle donc plus de la liberté du commerce qui n'a rien à faire dans cette question.

Il est aujourd'hui pour la France un fait capital dont on ne s'est pas assez rendu compte, parce qu'il résulte de circonstances isolées, mais successives. — Ce fait, c'est le progrès rapide des vignobles des autres nations. — Il est essentiel de le constater, afin de bien comprendre et la position dans laquelle nous nous trouvons, et l'abîme vers lequel nous pousse le vinage.

A l'exposition Universelle, l'étranger a porté ses vins ; et, venant affronter la concurrence française jusqu'en France, il nous a dit : Je ne suis aujourd'hui que pays de consommation intérieure ; demain je serai pays exportateur. — Les vins étrangers se sont présentés au Champ-de-Mars en lutteurs et ils ne dissimue lent pas le but qu'ils poursuivent, celui de nous remplacer sur les marchés de l'Angleterre, des Etats-Unis, de la Belgique, de l'Allemagne du Nord, de la Russie, de la Scandinavie, du monde entier enfin.

Notre commerce a saturé l'Europe et l'Amérique de mauvais produits manufacturés et de faux vins ; lasses d'être dupées sans cesse, l'Europe et l'Amérique se sont lancées dans les voies industrielles, et, pour beaucoup de denrées, elles nous ont dépassés. Elles ont aussi essayé de la viticulture, et après avoir étudié nos procédés les plus perfectionnés, modifié nos machines et acheté nos cépages, elles ont planté en vignes des terrains considérables. Elles veulent s'affranchir d'un tribut déshonoré par l'exportation ; et depuis longtemps déjà, on pouvait remarquer un mouvement lent sans doute, mais continu, appuyé d'études et d'applications sérieuses, et qui tendait à nous chasser d'une place que nous défendions avec tant d'imprévoyance et de légèreté.

L'Amérique fait des vins qu'elle améliore chaque jour, et qu'elle annonce comme un danger sérieux pour notre industrie viticole. — La Californie produit des vins qui ont quelques rapports avec ceux de l'Hérault, du Gard, de l'Aude, du Tarn ; l'Ohio a des vins mousseux ; le Minnesotah récolte des vins qui se rapprochent des bordeaux et des beaujolais, et qu'on vend comme tels. — Le Kentucki fait concurrence aux vins de Ribauvillé, à nos vins d'Alsace. — Là, ainsi qu'en Australie, on affiche hautement le principe que, puisque la France est retenue dans sa culture traditionnelle par les préjugés de son passé ; elle n'est plus une rivale dangereuse. — Sans doute, la puissante République américaine peut bien enfanter des prodiges ; mais elle ne peut changer les éléments géologiques de ses terrains, ni les conditions climatériques de sa végétation. Elle doit devenir forcément pour les vins de France et surtout pour les vins du Midi, un débouché certain et fructueux.

En Europe l'émulation viticole est partout, même en Grèce, même en Espagne, même en Russie. — Il existe une école de viticulture à Magaratch, en Crimée ; ces écoles sont nombreuses en Allemagne et en Autriche. — Tous cherchent à nous distancer, la Turquie, avec ses vins de Chypre, de Candie, de Samos, de Smyrne et de Macédoine ; la Prusse, avec le duché de Nassau, la Hesse, le Palatinat, la Bavière, le duché de Bade, les bords de la Moselle et du Rhin ; l'Autriche, avec la Hongrie, la Transylvanie , la Croatie, la Moldavie. L'Italie cherche à faire pénétrer ses vins dans le monde entier , et nomme à cet effet un commissaire royal à la date du 18 octobre dernier ; enfin le Portugal dont les vignobles appartiennent en grande partie à l'Angleterre , obtient à l'Exposition universelle deux médailles d'or pour vingt-cinq exposants , tandis que la France n'a que deux médailles d'or pour plus de cinquante exposants.

Voilà le danger. — Et c'est lorsque l'étranger lutte avec persévérance pour l'amélioration de ses produits , qu'il s'efforce de faire naître sur le marché du monde des habitudes commerciales par la perfection de sa viticulture, que le Nord veut verser ses alcools dans la seule marchandise française qui ne craigne pas une concurrence sérieuse ; c'est alors que le vinage veut dénaturer l'œuvre sans tache du soleil et de nos terrains ?

On nous a gâtés en nous proclamant le peuple le plus intelligent et le plus spirituel du monde. — Nous nous sommes imaginés que nous étions les maîtres de la situation , et nous nous sommes endormis. Nous n'avons pas vu qu'à notre époque tout change rapidement, et que raisonner des faits actuels par les faits d'il y a dix ans , c'était courir à l'erreur. — Pleins de confiance en notre soleil et en notre sol , nous n'avons eu nulle crainte de voir nos produits s'amoindrir ou s'effacer devant les produits d'autres nations qui ne sont pas placées comme nous dans les conditions les plus favorables de production. — Nous n'aurions pu admettre qu'on parlât en France de *vins étrangers* , ce mot seul blessant notre orgueil national ; et par suite, nul effort n'a été tenté par nous pour élever l'excellence et la réputation de nos produits viticoles. — Malgré le vinage , malgré cette fabrication malsaine , nous avons été toujours convaincus que l'étranger continuerait à prendre nos vins ; — fort peu soucieux de savoir combien était mal assise chez les nations voisines notre réputation d'honneur commercial , nous avons dénaturé le seul produit qu'elles nous envient , le seul dont elles sont jalouses à juste titre. Et c'est avec raison que la société de viticulture de Mâcon, s'inspirant du désir de réparer les maux causés par notre oublieuse négligence , s'est opposée au vinage « comme essentiellement nuisible à la sincérité des produits, et non moins nuisible à l'intérêt, à la réputation des vignobles français , à la santé publique, à la moralité commerciale. »

Le vinage, cet oïdium commercial , ne détruit-il pas , en effet , la loyauté comme l'avenir du commerce, et par suite, la loyauté comme l'avenir de notre exportation.

Sans entrer dans la discussion du nouveau régime du libre
échange, sans m'arrêter à combattre l'idée qui tend à le représenter comme hostile au développement de certaines industries, il est
certain qu'il est appelé à rendre d'immenses services à la vigne, à
cause de la supériorité incontestable et incontestée de ses produits.
— Mais cette supériorité ne sera acceptée par l'étranger qu'à la
condition qui nous est imposée, de lui faire connaître nos richesses franches et pures, de les expédier toujours de mérite irrépro-
chable, en un mot, de répandre et de sauvegarder la réputation
de nos produits par leur excellente qualité comme par la loyauté
des transactions. — A ces conditions seulement, la viticulture,
grâce à nos récents traités, doit devenir la base la plus solide, la
plus large de notre commerce d'exportation.

Les Cognacs, les Armagnacs, les eaux-de-vie du midi et de la
France entière, comme les vins alimentaires et salubres sont tom-
bés dans le discrédit..... Mais cela n'a eu lieu que parce que
l'avidité les a mêlés avec des alcools de betterave. Ces faits sont
incontestables pour tout homme qui s'est occupé d'économie, surtout pour celui qui a étudié le rôle de notre commerce à l'étranger.
Je ne citerai ici que les paroles de M. Yapp, paroles publiées dans
une revue anglaise qui a, dans le royaume-uni, une vogue immense,
justement méritée : «Sans aucun doute, dit-il, les vins du midi
de la France qui sont généreux et d'un prix peu élevé, entreront
un jour largement dans la consommation anglaise, et le plus tôt
sera le mieux : car c'est une excellente boisson, assez forte, pour
dire la vérité, pour toutes les catégories de consommateurs, » Et
il continue ainsi : « Mais, pour atteindre ce but, il faut que le
midi ait soin de n'expédier que des marchandises naturelles et conformes aux échantillons...., et la réponse sera faite alors à la question : Où le midi doit-il chercher ses débouchés? »

Que le vinage, que tout mélange disparaisse ; et, devant le
marché ouvert à nos vins, il y a des places à prendre, des devoirs
de patriotisme à accomplir, des services à rendre, et de larges
bénéfices à réaliser. — Nos vins purs sont comme nos idées : ils fran-
chissent en conquérants toutes les frontières ; ils pénètrent pour
les réchauffer, dans toutes les capitales ; ils font journellement le
tour du monde. — A l'étranger, les bons vins sont encore en petit
nombre ; les bons crus sont limités ; — et si nos produits distingués, purs de tout mélange industriel, vont hardiment se présenter aux pays même les plus rénommés, les vignobles ne pourront

s'étendre, les crus s'agrandir et se perfectionner ; et nous aurons ainsi écarté de dangereux concurrents. — La France seule peut produire ces vins frais, parfumés, alimentaires, hygiéniques, qui ont fait ses populations, sa fortune, et sa gloire. — Conservons ce trésor à l'abri de tout alliage. — Ne le laissons pas amoindrir par des mélanges plus ou moins sophistiqués, dont le résultat ne peut présenter qu'un avantage accidentel et limité. Une active et loyale exportation de vins peut seule donner à la France une richesse qui ne peut être éphémère, parce qu'elle est naturelle.

Si nous étudions, en les rapprochant, quelques-unes des sources de la richesse nationale, nous allons reconnaître combien est immense le rôle qu'y joue la vigne.

Jusqu'à ce jour notre industrie manufacturière, par exemple, a eu sa page brillante. — Mais son succès n'est-il pas menacé par la concurrence étrangère qui se perfectionne de tous côtés ? N'a-t-elle pas dû appeler à son aide la viticulture, qui lui permet d'écouler ses produits, à l'ombre du droit d'entrée exorbitant qu'elle paie chez toutes les nations ? Je m'explique : — La viticulture, après avoir répondu aux besoins de la consommation intérieure, exporte annuellement pour trois à quatre cents millions ; et dans tous les traités de commerce faits depuis quelques années, c'est toujours le vin qui patronne les autres industries : — l'étranger le grève d'une façon démesurée, en échange des faveurs qu'il concède aux produits manufacturés. C'est ainsi qu'en Angleterre l'hectolitre de vin français paie 27 fr. 50 c.; aux Etats-Unis 49 fr., 90 fr., 98 fr. 50, et jusqu'à 177 fr. 10 c. ; en Australie 83 fr. ; en Prusse 30 fr.; dans le Zolverein, Bade, Wurtemberg, Hanovre, Saxe, Hesse 30 fr. ; en Autriche 35 fr.; en Espagne 49 fr. ; tandis que les vins de toutes ces contrées entrent chez nous ne payant que 0 fr. 25 c. par hectolitre. — Le vin est donc le commanditaire de l'industrie qui, sans lui, ne pourrait ni réaliser les bénéfices qu'elle réalise chaque jour, ni même soutenir la concurrence étrangère. Pendant qu'elle commandite l'industrie, qu'elle satisfait à la consommation intérieure, qu'elle exporte pour près de quatre cents millions, la vigne paie au trésor public et à l'impôt des villes quatre cents autres millions, c'est-à-dire autant que le sol entier de la France. — De plus, cette puissante industrie ne peut courir aucun danger, parce que, par la nature de quelques-uns de ses produits dont la supériorité est due à son climat, elle ne peut redouter de rivale, et que pour les autres, elle a son débouché assuré dans la France même. — Notre nation peut produire aujourd'hui cent millions d'hectolitres de vin ; dans vingt ans elle devra en créer cent cinquante millions, et elle les écoulera facilement et à prix rémunérateur.

La vigne est donc pour la France l'agent le plus sûr de la fortune publique ; — partout ailleurs on peut créer les autres denrées alimentaires ou de première nécessité à meilleur marché que nous ; mais nulle part on ne peut faire nos vins alimentaires. Là est la mine de la France qu'il est temps d'exploiter, et qui sera inépuisable avec des soins et de l'intelligence. Autour de nous, en Europe, il y a cent cinquante millions de consommateurs qui attendent nos produits : la Belgique, la Hollande, l'Angleterre, l'Allemagne, la Suède, la Russie. En Amérique, en Asie, en Afrique même, nos vins doivent être recherchés. Ces idées sont vraies et devraient réveiller les sentiments patriotiques de nos contrées qui auraient dû déjà comprendre que l'avenir économique et commercial de la France est remis entre leurs mains. — Et voilà la culture séculaire que les vineurs viennent attaquer ; et déjà ils supputent, dans les profondeurs de leur envie, ce que peut rendre la destruction de l'arbre national, de l'arbre de vie pour la France.

Malgré l'évidence de ces faits, malgré la certitude de ces principes, le vinage ne se tient pas pour battu. — Il prétend que par l'exportation il ouvre des débouchés, et qu'il donne ainsi une valeur à des produits qui n'en avaient pas, qui même, ne pouvaient compter pour s'écouler, sur la consommation locale. Les denrées importées des nations voisines ou rivales, continue-t-il, étant devenues nécessaires dans la consommation, il faut, pour établir une juste balance de richesses, que ces produits exotiques soient échangés contre des produits indigènes superflus. — Le principe économique est vrai ; mais l'application qu'on en fait au vinage est fausse.

Et d'abord, il ne faut pas oublier que le vin est de nature personnelle et jalouse. — Quand il est en contact avec un autre corps, une lutte s'engage qui dure jusqu'à ce que l'un a tué l'autre ; — et, en admettant que le vin sorte vainqueur de cette lutte, combien ne va-t-il pas perdre de ses qualités, de son excellence par un contact continu avec le cadavre de son ennemi, par les émanations putréfiantes qu'il en aspirera, par la tristesse que devra son esprit à ce rapprochement. — Non, le vin viné ne peut être l'agent qui rappellera en France le numéraire que l'importation des produits étrangers en a fait disparaître. Comme les statistisques de nos jours le constatent, le vin pur a seul ce pouvoir.

D'un autre côté, qu'on remonte dans cette question, aux sources de vérité où la raison d'accord avec la conscience, s'affranchissant des passions ou des intérêts, montre froidement les choses comme elles sont ; et l'on sera surpris d'avoir pu être arrêté un moment par cet argument.

La France possède à peine quelques centaines de distilleries annexées à la ferme, pendant que l'Autriche et la Prusse en ont chacune plusieurs milliers (je ne citerai que l'Autriche et la Prusse, mais les autres puissances nous offriraient le même résultat). Pour le cultivateur autrichien ou prussien, l'alambic est un instrument aussi indispensable que la charrue. — Ces nations encombrent déjà nos marchés français de leurs bœufs, de leurs moutons, et de leurs trois-six. Faites perdre le goût du vin naturel par le vinage, et dans vingt ans d'ici vos fabriques d'alcool ne pouvant lutter contre celles de l'Autriche et de la Prusse, et les goûts étant dépravés pendant que de nouvelles habitudes auront été prises, vous aurez rendu nécessaire l'introduction des alcools étrangers pour le vinage ; et après avoir tué la vigne, votre poule aux œufs d'or, après avoir détruit ou déshonoré l'inimitable produit national, le vin, vous en serez réduits à ne plus compter même sur les betteraves qui ne pourront supporter la concurrence étrangère. — Est-ce ainsi que vous arriverez à ouvrir de nouveaux débouchés, à établir une juste balance de richesses ? Est-ce là de la prévoyance ? Est-ce du progrès ? Est-ce du patriotisme ?

Le vinage détruit les vins alimentaires naturels, les grands vins de France, et stimule la production de vins inférieurs, sans esprit, sans chaleur, sans principes nutritifs. Loin de pousser, selon le précepte de l'écriture, à la destruction des mauvais plants, il les propage, les multiplie et supprime les bons. — Le vinage est une atteinte grave portée aux intérêts des contrées viticoles frappées dans leur prospérité. La production souffre de tout mélange, de toute falsification ; — en vinant, on abaisse le niveau de qualité, on gâte le goût public, et par ces divers résultats on ferme à la loyauté productrice, le meilleur débouché possible, celui de l'intérieur. — La production qui voudrait rester honnête, est poussée, excitée, contrainte à la fraude, à cause des charges qu'elle supporte, des impôts qu'elle paie, des risques qu'elle court. — Car les habitudes hardies des vineurs ont jeté dans l'ombre tout produit naturel, l'ont frappé de suspicion, tout en ruinant la réputation de probité du vigneron. Aussi voit-on les hommes, les plus honorables d'ailleurs, forcés d'accepter, en matière de mélanges, une morale que réprouveraient toutes les industries honnêtes. — Et cela devait nécessairement arriver, parce que le vinage n'est que le sacrifice des grands intérêts de la production et de la consommation à certaines convenances particulières.

Oui, en propageant et encourageant la viticulture qui crée de gros vins communs et abondants, en cherchant à développer outre mesure la production déjà excessive des boissons mal constituées, on fait la baisse de tous les vins francs; on ruine la viticulture des vins salubres, fins, délicats et nourrissants; on détruit l'équilibre de l'agriculture française; on subordonne l'intérêt public à des intérêts secondaires. En agir ainsi, c'est créer l'inégalité où devrait régner l'égalité, et méconnaître la justice qui appartient à tous, au profit d'une agrégation quelconque.

Le dégrèvement des droits des alcools doit avoir aussi pour conséquence nécessaire la ruine de la principale industrie des Charentes et de l'Armagnac, la destruction du revenu des contrées qui produisent les bonnes eaux-de-vie;... et cela se comprend, puisque, au moyen de cet abaissement, les alcools industriels se glissent dans la consommation, en ne payant que 20 fr. par hectolitre, tandis que les liqueurs naturelles ne peuvent s'adresser à elle, qu'en payant la somme exorbitante de 90 fr. Ainsi se trouve patronnée la production artificielle, chimique, d'une denrée ayant une autre destination, et cela au grand détriment de la denrée naturelle, suivant les voies que sa constitution lui impose; ainsi se trouve substituée à la liqueur normale la liqueur factice; à la boisson salubre la boisson malsaine. Ne dirait-on pas que ceux qui défendent le vinage sont aveuglés, et qu'ils ont oublié cette vérité économique, devenue banale tant elle a été répétée par les hommes qui ont étudié dans l'histoire l'élévation et le déclin des peuples; c'est que les sociétés se forment, prospèrent, grandissent par la colonisation, par l'agriculture, par le travail productif qui amène l'économie et la moralité; qu'elles se perdent, au contraire, par l'industrialisme..... Attaquer l'agriculture pour favoriser l'industrie! Mais, voyez l'Angleterre. Elle qui est si industrielle, qui travaille sans cesse, qui produit toujours, qui transforme ses villages en villes immenses, qui fabrique tous les métaux, tout ce que donne la terre, tout ce qui est enfanté par la végétation ; elle est livrée à la misère et à la prostitution. — Des masses d'hommes y meurent annuellement de faim ; et la seule ville de Manchester a plus de filles publiques que Paris, Lyon et Bordeaux... ; est-ce là le type du bonheur qu'on poursuit?

Le bandeau qu'ont sur les yeux les défenseurs du vinage est si épais, qu'ils prétendent même que les distilleries de betteraves profitent à l'industrie viticole, lui viennent en aide. — Ce qui revient à dire que la mousse profite aux arbres fruitiers, l'oïdium aux raisins, les parasites aux végétaux, le ténia à l'homme.

La suppression du vinage, loin d'atteindre les pays viticoles, ceux mêmes qui en ont usé jusqu'à ce jour, va imprimer un mouvement salutaire et accéléré à la consommation générale des vins ; et tous les vignobles de France doivent se ressentir heureusement de cette suppression.

Un fait qui regarde plus spécialement le Midi, affirmera jusqu'à l'évidence cette vérité. — Les alcools prussiens de pommes de terre entrent en Espagne et traversent cette contrée avec une sorte de franchise. — Arrivés sur nos frontières, ils sont mélangés aux vins communs ou à de la vinasse espagnole ; et cela dans la proportion de 20, 30 et 40 pour cent. D'un autre côté, les vins de l'Espagne, comme on le sait déjà, entrent chez nous survinés, à n'importe quel degré, en payant 0 fr. 25 par hectolitre, tandis que chaque hectolitre français qui pénètre chez notre voisine doit payer 49 fr. de droits (ce qui est une véritable prohibition). Les conséquences de ces prémisses se déduisent toutes seules. Le commerce demande des vins espagnols additionnés d'alcool prussien, qu'il dédouble et qu'il vend à prix très-faible, en réalisant d'immenses bénéfices. Il s'appuie auprès des propriétaires vignerons dont il veut acheter les produits, sur une moyenne de vente de ces vins inférieurs, fait baisser leurs prix, et s'enrichit ainsi de leurs dépouilles. Il y a donc perte énorme pour le producteur qui ne peut, à cause de ses prix de revient, soutenir une concurrence aussi dangereuse.

Enfin, signalons cette aberration monstrueuse : — Les propriétaires qui veulent viner, c'est-à-dire, préparer une liqueur mauvaise pour la consommation, vont payer moins cher l'alcool que le liquoriste qui le débite à la classe pauvre : le premier le payera 20 fr., le second 90 fr... Poursuit-on ce but dans un intérêt d'égale justice ; ou bien pour assurer, comme le résultat le prouve, un débouché certain aux eaux-de-vie de pommes de terre que la Prusse nous envoie en leur faisant traverser l'Espagne ?

Que l'équilibre s'établisse dans les intérêts sociaux par la libre concurrence de ces intérêts; que cet équilibre ne puisse jamais être rompu, sous le prétexte d'un avantage accidentel et momentané, par la réglementation; sans cela, la balance doit pencher aujourd'hui d'un côté, et emmener demain une réaction qui la fera pencher de l'autre; et alors plus d'harmonie, plus d'ordre, plus de suite dans la production et la consommation. — Aujourd'hui pour une denrée la richesse, et demain la ruine; ce qui rappelle le mot de Montaigne sur l'ivrogne : « Quand on le relève d'un » côté, il tombe de l'autre. »

Est-il besoin de dire que les vins vinés facilitent la fraude. — Celle-ci s'étale et s'enrichit impudemment par le dédoublement des vins qui ont été vinés avant leur transport, et cause ainsi une perte considérable au trésor. — Le commerce fraude en face du fisc qu'il a payé; et le producteur, devant ce vin que vient de fabriquer de toutes pièces le négociant, est forcé de baisser ses prix s'il veut se défaire de sa marchandise qui, aussitôt vendue, va recevoir les sophistications plus ou moins innocentes des fabricants.

La guerre est déclarée entre la vigne et la betterave; et cependant ne devraient-elles pas, l'une et l'autre, s'étendre selon l'importance des services qu'elles rendent, et ne plus s'armer d'une mesquine question d'impôts.

La vigne est un fruit; la betterave est un légume; — l'une fait le vin, l'autre le sucre : — il ne peut y avoir entre elles ni rapprochement, ni rivalité.

Mais la mode qui agit sur certaines cultures presque autant que sur les toilettes (ce qui m'enchante, parce que le seul rapport qui me paraisse cimenter ce lien d'apparente fraternité, c'est que l'agriculture, comme la toilette, s'étale et resplendit au grand jour, à l'inverse de l'industrie et du commerce, qui se cachent et se dissimulent sans cesse), la mode a pris sur ses ailes la betterave; elle en a fait la panacée universelle, l'ancre de salut du monde. — Après en avoir fabriqué du sucre, de la viande, de l'alcool, elle a voulu en faire du vin, sans songer qu'elle n'avait ni bouquet, ni séve, ni arome; elle a voulu la substituer à la vigne, à laquelle la mode ne pouvait s'arrêter, puisqu'elle n'était qu'utile, nécessaire, indispensable..... Il est à dire aussi qu'en France ce qui est épars dépend de ce qui est groupé ; que les éléments disciplinés et associés écrasent ceux qui sont disjoints. — La viticulture était sans force, parce qu'elle était isolée et sans cohésion, pendant que les intérêts industriels du Nord s'étaient formés en un redoutable faisceau. La viticulture n'était classée nulle part, quoiqu'elle représentât annuellement plus de 1.500 millions ; l'horticulture la chassait de ses jardins ; et la grande culture, qui ne pouvait la faire pénétrer dans ses assolements, la proscrivait et en faisait dédaigneusement une culture spéciale.

Cependant, empruntons au tableau fait dans la pétition dont j'ai déjà parlé quelques chiffres qui nous feront comprendre l'importance relative de ces deux plantes. On y trouve :

BETTERAVE.		VIGNE.
500 distillateurs........	contre	1,500,000 vignerons.
18,750 hectares de betterave	contre	2,500,000 hectares de vignes.
300,000 hectol. d'alcool......	contre	75,000,000 h. de vin ou 7,500,000 h. d'alc.
3,250,000 kil. de viande produits	contre	162,000,000 kil. de cette même viande.
8,000 hect. de terre fumés	contre	400,000 hectares fumés.
25,000,000 en argent brut.....	contre	1,686,000,000 en argent brut.
25,000 familles...........	contre	1,680,000 familles.
100,000 travailleurs........	contre	6,744,000 travailleurs.

Toute discussion ne doit-elle pas s'éteindre devant ce rapprochement ?

La vigne est l'arbuste providentiel pour la France ; il réussit sur les plus mauvaises terres, sur les pentes les plus déclives, sur les sols les plus brûlants. La vigne, dans chaque habitation de village, doit commanditer les autres branches de la culture, tout en répandant autour d'elle le bien-être et la moralité. — La vigne, c'est une population nombreuse, gaie et courageuse; c'est la génération saine, l'hymen fécond, la patrie invincible ; c'est la production, c'est la plénitude ; c'est la vie greffée sur l'abondance et le bonheur.

L'histoire du genre humain témoigne de l'influence bienfaisante du vin au point de vue de la civilisation, de la colonisation, comme du bien-être, de la moralité et de l'intelligence. — Le vin est l'honneur, la gloire, la fortune de la France. Voilà notre tradition, qui, de tout temps, lui a voué une sorte de culte.

En Bourgogne, au xv⁰ sièle, les ducs faisaient des ordonnances, rendaient des édits contre les mauvais plants et les mauvaises méthodes de vinification, pendant que le clergé faisait des mandements dans le même sens : on refusait même l'absolution aux planteurs de gamais, pendant qu'on traduisait en Cour ecclésiastique les insectes nuisibles à la vigne qui, là, étaient sommés de se défendre, conjurés et chassés.

Saint Bernard, abbé de Clairvaux, excommunie les mouches. Les gribouris ou mangeurs de bourgeons sont solennellement anathématisés ; temps naïfs, où l'on ignorait le vinage et où, dans un mandement de 1553, Mᵍʳ Claude, prêtre de la sainte Eglise romaine, évêque de Langres et pair de France, lançait la sentence de malédiction sur les mouches et les vers nuisant aux vignes des fidèles, et leur ordonnait de sortir du territoire, eux et leur postérité. A cette époque, gens d'église et gens d'épée, prêtres et nobles, tous avaient la religion du vin.

Chez nous, pas de produit plus éminemment national que le vin : notre territoire est la vraie patrie de la vigne, de cette plante qui a rendu toutes les nations étrangères tributaires de la nôtre. — Dans ces vastes champs où s'exerce l'activité humaine, en politique, en industrie, en commerce, en agriculture, le vin occupe la place d'honneur ; elle lui est bien due, car il est le sang de la nature. — Jadis, il y a eu, à Dijon, des vins si délicieux que, pour une pinte, les Celtes donnaient un esclave. En 1371, Jean de Bussières, abbé de Cîteaux, envoie du vin de Vougeot au pape Clément XI, qui, voulant élever son remercîment à la hauteur du don qui lui a été fait, le nomme cardinal. En 1377, la ville de Bayeux offre à Bertrand Du Guesclin une pièce de vin de Beaune à la place d'une épée d'honneur. — Il a l'influence la plus directe sur les mœurs et le caractère des peuples, qui l'ont élevé si haut, qui lui ont fait une part si large dans leur vie publique et dans leur vie privée, qu'ils s'adressent toujours à lui pour célébrer tout événement qui les frappe. — Le vin a en lui une vertu originelle, facile à constater dans les habitudes, dans les idées des populations qui le font naître. — On a dit bien souvent, et je suis de cet avis, qu'il n'y aurait pas de cœurs français s'il n'y avait pas de vins de France. N'est-il pas, en effet, évident qu'un ordre d'impressions fortes, souvent renouvelées, doive puissamment influer sur les habitudes des esprits. — Le génie lui-même porte le cachet des vins de sa patrie. — Le Bordeaux, si fin, si soyeux, si velouté, s'offrait aux lèvres enfantines des Montaigne, des Montesquieu, des Fénélon; il leur avait porté, avec le génie et la force, ce tact et cette habileté qui ont aussi caractérisé notre roi béarnais, qui a tant bu de Bordeaux.

Non, la betterave ne peut se rapprocher de ce grain noir où s'enivre l'espérance — Non, l'alcool, ce poison des pauvres, ne peut aller se mêler à ce vin qui a une âme, quand cette âme est la vérité.

MÉCANIQUE AGRICOLE ET ENTREPRENEURS RURAUX ;

Par M. TEXEREAU,

1er Vice-Secrétaire de la Société d'Agriculture de la Haute-Garonne.

MESSIEURS,

Les orateurs distingués que vous avez entendus jusqu'ici nous ont donné plus que nous n'avions droit d'attendre. Ils n'ont pas voulu se contenter d'exposer les questions qu'ils avaient présentées à vos discussions, ils les ont traitées si à fond et avec tant de talent, que l'assistance charmée s'est presque bornée à applaudir. Si d'un côté nos espérances se sont ainsi trouvées dépassées, qu'il me soit permis de le dire, au même moment, un autre avantage nous échappait, celui d'entrer dans une communication plus intime encore avec l'auditoire sympathique d'agriculteurs qui a bien voulu répondre avec tant d'empressement à notre appel.

Nous vous avons conviés, Messieurs, à des conférences agricoles dans lesquelles l'abandon, la confiance la plus absolue doivent régner; le choc des idées, les discussions, y sont attendus, la parole de tous enfin désirée. Les occasions pareilles de nous retremper dans une commune entente sont rares, et si le charme de l'éloquence et de l'érudition suffisent à d'autres conférences que la mode a mises à l'ordre du jour, il nous faut pour nous, bien plus encore, la communion des idées. Nous sommes ces jours-ci une partie de la France, une région agricole assemblée.

Ce soir donc, Messieurs, que les rôles changent, que ce soit encore par charité, si les autres motifs que je viens d'exposer n'y suffisaient pas ; car il ne faut pas vous y tromper, il vous serait impossible de vous borner à admirer, cette fois ; il n'y aura pas à admirer, soyez-y résignés; préparez-vous à discuter. Pour moi je ne puis et ne veux qu'exposer, j'ai trop d'intérêt à vous entendre. Il faut, et vous en répondez, que l'intérêt de la séance soit ce soir dans la salle... et non au bureau du rapporteur.

Les idées vraies sont toujours sûres de faire leur chemin, il ne dépend de personne d'en arrêter le développement ; mais la rapidité de leur essor dépend beaucoup des circonstances de temps et du milieu dans lesquels elles se produisent.

L'institution des expositions industrielles et des concours régionaux, nous en donne des preuves bien frappantes ; elle aura dans le mouvement industriel et agricole qui caractérise notre époque une large part à réclamer devant la justice de l'histoire.

Ce mouvement, Messieurs, il précipite la solution de l'un des problèmes sociaux qui s'imposent avec le caractère de la plus pressante actualité aux esprits sérieux :

L'application des arts mécaniques à l'agriculture.

Deux sociétés de la région inscrivaient à la fois, sous une forme peu différente, la question au programme de nos conférences.

L'exposition universelle de 1867, et les concours de Fouilleuse et de Petit-Bourg avaient révélé les progrès inespérés de la machinerie agricole, dans le nouveau monde plus encore que dans notre vieille Europe. Plus que tout enfin, l'intérêt soutenu investigateur et de plus en plus éclairé du grand public, dont l'affluence ne cesse pas d'entourer les exhibitions de ces nouveaux engins, prouve que le pays pressent, par une sorte d'intuition ordinaire, privilége de cet admirable bon sens français dont on n'a point encore osé nous contester le don naturel, tout cela prouve, dis-je, chacun le pressent, que l'application généralisée des machines à l'exploitation du sol, va profondément modifier les conditions de la production agricole, et peut-être la constitution de la propriété elle-même.

Oui , Messieurs, nous sommes en face d'une nouvelle révolution économique ; peut-être plus décisive pour la grande majorité des possesseurs actuels du sol que ne l'a encore été aucune autre, depuis l'émancipation de l'homme attaché au servage de la glèbe ou l'affranchissement du sol lui-même.

Non-seulement il s'agit de substituer l'action des forces naturelles à l'action musculaire personnelle de l'homme au profit de son intelligence ; — ce qui est une légitime et logique conséquence de la civilisation dont la révélation chrétienne nous a permis de placer si haut l'idéal ; — mais il s'agit d'une nouvelle répartition de la fortune territoriale , si l'on n'avise à régulariser ce mouvement.

Il appartenait aux sociétés d'agriculture de notre région essentiellement agricole d'appeler tout particulièrement l'attention des hommes sérieux sur ce point, car les révolutions, on l'a dit avant moi dans un magnifique langage et avec une grande autorité , les révolutions ne sont dangereuses que lorsqu'on en abandonne la direction aux ennemis de l'ordre et de la morale.

Ne croyez pas, Messieurs, que je vous entraîne à plaisir et sans en comprendre les inconvénients sur le terrain économique, quelles que soient la sécurité et la confiance que m'inspire la composition de cette assemblée et le souvenir de nos précédentes séances ; le terrain est glissant, je ne l'oublie pas. Mais je n'oublie pas non plus qu'une haute pensée de dévouement à la prospérité de la France, la plus autorisée de toutes , nous a conviés à faire nos affaires nous-mêmes ; et qu'une politique vraiment nationale, de mieux en mieux comprise, consiste à dégager les questions économiques et les questions de réforme des questions de gouvernement.

Gouvernants et gouvernés, tous attentifs au grand mouvement de l'humanité qui porte à l'avenir sa civilisation sans cesse surélevée , comme les grands fleuves leurs ondes sans cesse grossies à l'Océan , nous devons veiller à ce qu'aucun obstacle artificiel ne rende les eaux tumultueuses , et ne remplace par la dévastation l'ordre et le calme qui sont aussi bien dans les desseins providentiels , pour la vie des nations , que pour le mouvement des grands fleuves dans les grands phénomènes de la vie de la nature.

Laissons donc toute préoccupation de côté , Messieurs, et examinons ensemble :

1° Quelles pourront être les conséquences de l'emploi généralisé des machines en agriculture ;

2° Ce qu'il peut y avoir à faire pour éviter qu'elles n'amènent dans la répartition du sol une perturbation semblable à celle qu'elles ont causée par le déplacement des fortunes industrielles, déplacement bien autrement grave cette fois. Ce cadre nous permettra d'embrasser à la fois les deux parties de la question.

§ I.

L'industrie proprement dite devait naturellement devancer de beaucoup l'agriculture dans l'adoption des machines. Ce n'est pas seulement parce qu'elle dispose de plus de capitaux, mais parce que pour elle les problèmes à résoudre étaient plus simples.

Chaque jour ramène pour elle mêmes tâches et mêmes opérations, dans le même lieu ; ses machines sont fixes, les nôtres doivent être essentiellement mobiles.

Il n'est pas nécessaire d'être fort mécanicien pour comprendre de quelle importance sont les conséquences qui résultent de cette seule distinction. Alors que le constructeur n'a à se préoccuper pour l'industrie que de la résistance nécessaire à la force utile, productive ; il doit, lorsqu'il s'agit d'industrie agricole, songer que la machine aura à subir des déplacements incessants, à lutter sur des surfaces inégalement tourmentées, contre des résistances inégalement continues ; il lui faut donc plus de forces pour des effets utiles moindres, plus de solidité dans les assemblages, plus de perfection dans les ajustages pour résister aux chances de dislocation. Aussi lui reste-t-il après les applications merveilleuses des arts mécaniques à l'industrie, un véritable et nouvel apprentissage à faire lorsqu'il songe à construire pour l'agriculture. Mais cet apprentissage se fait, il s'achève, de ce côté plus de retard. La machine agricole à créé la locomobile, c'est tout dire en un mot.

Du côté des ouvriers, plus d'obstacles ; car ils l'ont compris : les machines multiplient les produits sans dispenser des bras; moins de sueurs mais plus d'activité ; égale demande de travail ; voilà ce qu'ils y voient, convaincus qu'un salutaire équilibre entre la dépense des forces physiques et l'exercice des facultés intellectuelles tend à relever leur niveau moral.

La grande propriété, elle, n'attend pas toujours, tant elle a hâte de s'en approprier le bénéfice, que les appareils inventés aient reçu les perfectionnements nécessaires à un usage vraiment pratique. Nous arrivons donc à la crise,

La grande propriété jouera-t-elle, vis-à-vis de la moyenne propriété, le rôle que la grande industrie a joué vis-à-vis de l'autre ? C'est là une grave question à se poser.

Vous savez ce qui s'est passé pour l'industrie, les machines ont créé des maisons colossales dont l'importance et la fortune ont forcé à chercher une expression nouvelle dans l'union de deux mots étonnés de leur accouplement la *Féodalité industrielle.*

Les ouvriers y ont-ils perdu ? Je l'ai dit ; je ne le crois pas. Les consommateurs y ont-ils gagné ? c'est encore douteux.

Qui a perdu ? ces intéressantes familles industrielles, à la moralité proverbiale, dans lesquelles la vieille bourgeoisie française trouvait à se recruter d'hommes sévères rompus aux affaires, et qui disparaissent chaque jour.

Eh bien, Messieurs, que ce qui est arrivé pour l'industrie nous serve de leçon. Avisons pour que la propriété moyenne puisse continuer à se soutenir entre cette double et terrible concurrence de la grande propriété en possession du capital et des machines d'un côté, et de la propriété parcellaire dont l'activité dévorante et l'épargne l'ont déjà si fort entamée, de l'autre.

Qu'y a-t-il donc à faire ? comment procurer à la moyenne et à la petite propriété le bienfait de cette force désormais indispensable de la mécanique agricole ?

Beaucoup répondent : fonder le crédit agricole. Si c'est par le crédit individuel qu'on l'entend, c'est, selon moi, attarder dans une dangereuse attente l'énergie des résolutions. La dette hypothécaire est trop lourde pour que l'argent à bon marché s'offre de longtemps à l'agriculteur isolé. Par le crédit collectif c'est différent. Le crédit comme les machines ne peuvent lui venir que par l'association.

L'association ! oui, voilà bien la grande force. Elle est de tous les sens pour les grands efforts. Notre époque prouve par le *mouvement coopératif* qu'elle saura en rajeunir la féconde énergie.

Ce qu'il y a de très-remarquable c'est que ce mouvement, comme au moyen-âge pour les *sociétés taisibles*, commence par **en bas.**

On sait en effet que ces sociétés entre *serfs* et *main-mortables* pour l'affranchissement du sol se formèrent sans l'intervention des gouvernements , par suite d'une sorte d'aveu des seigneurs féodaux bien aises de trouver dans la tenue collective de leurs terres, et la solidarité des parsonniers de nouvelles garanties pour leurs revenus terriens.

Dans son commentaire sur les coutumes du Nivernais Guy-Coquille nous fait remarquer que la constitution des familles de cette époque et l'autorité absolue qu'elles déléguaient à leurs chefs *d'Embourdelage* furent pour beaucoup dans le succès de ces associations.

De nos jours les familles nombreuses qui restent unies sont malheureusement rares. L'autorité morale du chef de famille elle-même a diminué ; nous ne sommes guère préparés à cette mutuelle confiance entre voisins sur laquelle pourrait s'établir, aux yeux de la Société de Lot-et-Garonne , la propriété en commun et l'usage alternatif de machines coûteuses et très-diverses.

Ne faudra-t-il pas autant d'apprentissages que d'associés, car on ne naît pas mécanicien , et chacun sait qu'il faut l'être un peu pour tirer parti des machines ? Dans l'état d'insuffisance des constructions rurales de la plupart des exploitations rurales de la région où loger, chacun à son tour, les précieux engins ?

Voilà des objections ; elles ne sont point sans doute insolubles puisque la Société de Lot-et-Garonne nous demande de les discuter.

§ II.

Quant à nous , Messieurs, nous demandons aussi la solution du problème à la force de l'association , mais nous la lui demandons dans des conditions moins simples en apparence mais pourtant au fond croyons-nous plus faciles et plus pratiques.

Nous voudrions que les propriétaires d'un même *cercle* ou *canton rural* qui pourrait être plus grand que notre commune actuelle, peu importe , réunis en une sorte de société, syndicat, association, peu importe encore le nom, s'entendissent et concertassent leurs efforts pour y (1) faciliter la création *d'entrepreneurs-*

____

(1) Ces entrepreneurs résideraient au centre du cercle rural.

ruraux, entre les mains desquels seraient placées toutes les machines utiles aux diverses nécessités communes.

Ces entrepreneurs seraient propriétaires ou tout au moins responsables des engins mécaniques dont il s'agit d'assurer au plutôt l'usage à la moyenne propriété.

Elle ne peut ni les acheter, ni les loger, ni même les faire manœuvrer, car ils exigent des ouvriers spéciaux, qu'elle ne peut payer comme l'industrie ou la grande propriété qu'en se constituant en société.

En possession d'un matériel considérable ces entrepreneurs devraient donc s'entourer d'un personnel d'ouvriers spéciaux. Ils devraient posséder en locomobiles et en chevaux les forces nécessaires à la mise en œuvre des faucheuses, moissonneuses, batteuses, pompes à irrigations, etc..... dont leur cercle comporterait l'emploi.

Qu'on ne se trompe pas sur ma pensée, ces *entrepreneurs-ruraux* ne seraient nullement des entrepreneurs de culture. Les travaux de culture proprement dits doivent rester l'œuvre des familles rurales. Les entrepreneurs-ruraux ne seraient chargés que des grandes opérations exceptionnelles de fauchaisons, moissons battages, irrigations, etc..... et des travaux dits d'*améliorations foncières* si difficilement et si lentement exécutés jusqu'ici par le personnel même de la ferme imprudemment détourné des soins incessants qu'exige une bonne culture. Ainsi ils se chargeraient des nivellements, drainages, marnages, chaulages, défoncements, canaux d'irrigation, etc.....

Les ressources de leur puissant outillage leur permettrait aussi de se charger de nos constructions rurales à des prix très-réduits. En un mot, tous les travaux exceptionnels, à l'exclusion de ceux de la culture proprement dite, pourraient leur être confiés.

Je me contenterai de signaler quelques-uns des résultats de ce que j'appellerai ces *forces centralisées* : Un propriétaire entreprend-il avec les seules forces de son exploitation le nivellement d'un champ, il se voit forcé d'ajouter à ses déboursés le sacrifice d'une récolte, tant il lui faudra de temps,..... l'entrepreneur et son personnel feront la besogne en moins d'une semaine. Un propriétaire attaché par ses fonctions à une ville voisine voudrait faire défoncer un champ, créer un potager, y conduire l'eau d'une source qui s'épanche inutile au coteau voisin, il a tout prêts les fonds nécessaires, mais il ne peut disposer que de huit jours ; avec les ouvriers qu'il pourrait réunir, dans les conditions actuelles un mois de surveillance serait nécessaire ;..... supposez l'existence de l'entrepreneur-rural ;... huit jours c'est assez.

Je n'insiste pas davantage, tous les agriculteurs savent de quelle importance il est de pouvoir faire à propos et vite. Aucun n'ignore non plus que l'accumulation des forces sur un point donné, détermine en fait d'activité et d'économie des résultats incontestés, considérables.

Débarrassées des travaux exceptionuels qui les surchargent, les exploitations pourraient dorénavant suffire aux exigences en bras et en bêtes de travail, d'une culture mieux soignée, s'assurer de plus importants et de meilleurs produits.

Mais d'où viendront ces entrepreneurs ? Telle est, sans doute, la question que plus d'un d'entre vous, Messieurs, est prêt à m'adresser.

D'où, Messieurs? de la moyenne propriété elle-même si elle est bien avisée, car il y aurait là pour de jeunes hommes honneur et profit. Entreprise par un homme ayant reçu une solide éducation, elle différerait peu de la mission des ingénieurs-ruraux.

Si la moyenne propriété la laisse échapper, la démocratie sans cesse ascendante, est là toute prête à s'en emparer ; elle trouvera une nouvelle occasion de monter à la fortune là où la moyenne propriété n'aura pas su saisir l'occasion de s'enrichir en se sauvant elle-même.

Dans tous les cas, c'est à l'association de susciter le plutôt possible les *entrepreneurs-ruraux* et de ne pas oublier qu'ils ne doivent procéder que d'eux-mêmes, c'est-à-dire d'une capacité éprouvée et d'une moralité incontestée.

Ce qu'on veut énergiquement on le peut, comme nous le disait avec tant d'éloquence, avant hier, l'honorable Président de l'Ariége. A quelque point de vue que je l'examine, l'idée d'entrepreneurs-ruraux me paraît susceptible de féconds résultats. Ne pourrait-on pas leur confier, la construction de greniers collectifs, ou magasins de réserve, dans lesquels seraient conservés et soignés les grains des différents membres de l'association rurale ; de fruiteries, dans les pays de laitage ; de caves spacieuses et profondes pour la conservation des vins, dans les pays de vignobles? Combien d'engins perfectionnés depuis le pressoir mécanique mobile jusqu'aux nouvelles pompes à chariot qui simplifient tant les soutirages, pourraient être ainsi mis au service commun de l'association ?

Je ne crois pas exagérer, Messieurs, en disant que nous touchons au moment où chaque commune intelligente voudra avoir sa locomobile et sa pompe à incendie ; mon avis est que l'entrepreneur-rural et ses ouvriers sont déjà la compagnie toute trouvée d'ouvriers chauffeurs, mécaniciens, et de pompiers pour le cercle agricole.

A des agriculteurs je n'ai pas besoin de démontrer, que le travail ne manquerait pas en hiver aux entrepreneurs ruraux, pour eux et leurs ouvriers : les grands terrassements doivent être faits dans cette saison. Mais fallût-il, comme dans le Nord où le climat bien autrement rigoureux suspend quelquefois les travaux intérieurs, annexer une industrie manufacturière aux travaux agricoles, où serait le mal ?

Il ne faut pas se le dissimuler, Messieurs, la moyenne propriété surtout est mise en demeure d'agir. Je le répète : entre la grande propriété munie des puissants appareils mécaniques et du capital ; et la petite propriété dont l'ardeur au travail et les soins de détail ne connaissent point de limites, elle serait bientôt obligée d'abandonner la place ; et nous verrions disparaître avec elle ces familles honnêtes, intelligentes, éclairées, de la vieille bourgeoise dont les fautes, surtout celle d'avoir laissé glisser la grande révolution dans le sang, n'ont pu nous faire oublier que c'est avec elle que nos rois ont fait la monarchie française, notre unité nationale.

Non, il ne faut pas qu'elle disparaisse ; et il n'est bon pour personne dans un état que le prolétariat se trouve face à face, et sans intermédiaire avec une aristocratie qu'il croit en possession de tous les biens et de tous les bonheurs.

Conservons donc la moyenne propriété, et puisque nous reconnaissons que les machines agricoles, sont pour elle le seul moyen de continuer la lutte en face des exigences de la main-d'œuvre de plus en plus rare, étudions ensemble avec ardeur, les vrais moyens de les mettre promptement et économiquement en sa possession.

Si l'idée que je vous soumets obtient l'honneur d'une sérieuse discussion, je ne saurais assez vous remercier de l'attention soutenue que vous avez bien voulu me prêter. Messieurs, ne l'oubliez pas, la Société d'agriculture de Lot-et-Garonne et celle de la Haute-Garonne vous consultent ; répondez, mieux encore agissez ; le pays attend.

DU REBOISEMENT ET DU GAZONNEMENT DES MONTAGNES ;

Par M. Paul TROY,

Secrétaire de la Société d'Agriculture de l'Ariége.

Messieurs,

La question de l'aménagement des montagnes offre un si grand intérêt que la Société d'Agriculture de l'Ariége a cru bon de la présenter à vos entretiens, cette année encore.

Et elle a pris pour organe celui de ses membres qui, par la situation de son domaine dans la région montagneuse des Pyrénées, a eu le plus souvent l'occasion d'étudier, de plus près et par expérience, les difficultés et les facilités culturales et économiques de ce problème plus compliqué qu'on ne le croirait au premier abord.

La question de l'aménagement des montagnes, est très-complexe en effet, et je ne saurais ici l'embrasser dans tous ses détails. Je me propose seulement, et cela suffira pour y apporter quelques éclaircissements, de la traiter sous ses principaux aspects. Je vais donc essayer d'indiquer successivement :

I. — Quelle est l'importance de cette question ; et comment il s'est fait que l'œuvre du reboisement n'a pas progressé autant qu'il eût été désirable.

II. — Quelle différence radicale existe entre l'œuvre du gazonnement et l'œuvre du reboisement ; le danger qu'il y aurait à les confondre l'une avec l'autre, et à les substituer l'une à l'autre dans la pratique.

III. — Pourquoi il est nécessaire de les accomplir simultanément.

IV. — Quels sont les moyens culturaux les plus sûrs et les moins coûteux d'obtenir de bons gazonnements.

V. — Quels résultats on pourra attendre du gazonnement et du reboisement bien réussis et judicieusement proportionnés aux divers besoins de la situation.

I.

Dans un pays privilégié comme la France, où sur 54 millions d'hectares ou compte 20 mille lieues de rivières et 200 mille lieues de ruisseaux ; où des montagnes élevées étendent 1500 lieues de ramification sur toutes les parties du territoire, pour former 20 bassins principaux qui renferment toutes les meilleures variétés de climats, de sols, d'altitudes et de productions ;

Dans un pays si heureusement disposé que si l'on y a tout à craindre des débordements l'on y peut en revanche tout attendre des irrigations, le régime des hautes terres exerce une influence considérable sur l'état de l'Agriculture et par voie de conséquence sur l'état social tout entier.

Cette vérité est déjà bien ancienne. Et sans remonter plus haut que Buffon, la liste serait longue des naturalistes et des administrateurs qui l'ont émise, et ont cherché à attirer l'attention du Gouvernement sur la question des montagnes.

Je ne reviendrai sur aucune de leurs considérations ; les limites de ce mémoire ne comportent pas des développements de cette nature, d'ailleurs très-inutiles devant vous certainement. Et je me bornerai, pour saisir votre attention et arrêter vos idées, à cette seule comparaison : — Supposez que les Pyrénées ont perdu toute leur végétation et aussi toute la couche de terre qui, heureusement les recouvre encore : Supposez-les, sur toute leur surface, imperméables et glissantes comme la roche qui leur sert d'ossature, et calculez quel sera le volume des rivières qui naissent d'elles à la fonte des neiges ou seulement après une pluie d'orage. — Si jamais pareille supposition se réalisait, la Garonne bien souvent s'élèverait au-dessus de ses barrières les plus hautes, et viendrait saper les fondements de notre vieux Capitole.

Et nos voisins des beaux départements qu'elle traverse avant d'arriver à l'Océan, seraient obligés d'abandonner à la dévastation et à l'ensablement leurs plaines fertiles que déjà trop souvent elle couvre de ses flots tumultueux.

En revanche, pendant l'été, la Dordogne, la Gironde, la Garonne et tous leurs affluents pourraient se traverser à pied sec.

On s'occupe beaucoup en France, et particulièrement dans notre Sud-Ouest, de projets d'irrigations et l'on se plaint non sans raison des lenteurs et des difficultés que rencontrent ces œuvres si conformes aux aptitudes de notre pays ; mais si l'on ne doit pas apporter en même temps de sérieux empêchements à la dévastation des montagnes, il est bien inutile de s'arrêter à ces chatoyantes espérances de voir les plaines de l'Ariége et de la Haute-Garonne, se transformer en pays herbagers.

La dénudation des montagnes gonfle les torrents et tarit les sources ; elle déchaîne les orages et prépare les sècheresses ; elle refroidit les jours d'hiver et augmente les chaleurs de l'été. Elle forcera bientôt les populations des hautes terres à précipiter leur mouvement d'émigration et à venir apporter dans les villes, avec leur énergique besoin de vivre, de nouveaux éléments de misère.

En 1860, le Gouvernement avait formé le projet d'exécuter le reboisement des montagnes. Il voulait planter, en un certain nombre d'années, 40 mille hectares sur les terrains domaniaux, 540 mille sur des terrains appartenant à des communes, 560 mille sur des terrains appartenaut à des particuliers.

Malheureusement la loi du 28 juillet 1860 édictée à cette occasion ne satisfaisait pas aux besoins multiples de la situation ; et malgré le zèle des agents forestiers et l'autorité que leurs talents et leurs qualités personnelles donnaient à beaucoup d'entre eux, ils n'ont pu obtenir que d'insignifiantes concessions pour le reboisement, dès qu'ils ont voulu étendre leurs travaux à des terrains appartenant aux communes ou aux particuliers.

Les populations et les particuliers ont refusé de sacrifier le parcours de leurs troupeaux à l'œuvre nouvelle qui ne leur offrait aucune compensation satisfaisante. Et le reboisement est resté bien en arrière de ce qu'il aurait fallu, non pas pour regarnir les montagnes, mais seulement pour contre-balancer les progrès de la dénudation que le feu, les délits de toutes natures et les exploitations abusives ou mal dirigées, tendent à élargir chaque jour.

Le Gouvernement ne put se faire longtemps illusion sur cet état de choses. Et peu après fut promulguée la loi du gazonnement complémentaire, disait-on, de celle du reboisement. Malheureusement encore cette loi mal soudée avec son aînée ne la complète que dans les apparences d'une théorie superficielle, et semble au contraire, dans l'application, devoir l'annuler et la faire oublier.

II.

On dirait, en effet, que, depuis quelque temps, les idées de gazonnement prennent dans les projets de l'administration beaucoup plus d'importance que les idées de reboisement. Et il est fort à craindre que, reboisement et gazonnement, mal définis en principe, et confondus l'un avec l'autre dans l'application des lois dont ils sont l'objet, ne coulent bientôt, à la dérive, dans le gouffre des tentatives avortées.

Il est certainement permis de dire que, jusqu'à un certain point, les gazons de toute nature produisent un effet hydraulique ayant de l'analogie avec l'effet hydraulique produit par les taillis et les forêts. Mais ce serait une grande erreur de croire que le *gazonnement* peut remplacer le *reboisement.*

Que peut-on entendre, en effet, par ces mots *gazonnement des montagnes ?*

S'agirait-il de rendre à ces étendues de roches arides qui, sur un si grand nombre de points, attristent notre vue, la toison végétale qu'elles avaient autrefois et que l'imprévoyance des hommes a détruite ! Nous ne devons pas le penser. Cette œuvre exigerait des transports de terre ou de gazon par des chemins impraticables, sur des points élevés, exposés à l'influence de toutes les intempéries, et par là même dépasserait toutes les possibilités humaines.

Le seul moyen admissible de reconstituer la végétation sur des terrains ainsi dénudés, serait de les soustraire au parcours pendant bien des années pour permettre aux lichens d'abord, aux bruyères ensuite, puis aux genévriers, aux buis, aux genêts, aux ajoncs de reparaître pour les recouvrir de leurs détritus et lentement les fertiliser. Or, bien que les troupeaux ne trouvent en ces lieux que de rares touffes de végétations poussées dans les creux des rochers, cette restriction du parcours imposerait aux populations pastorales des sacrifices hors de proportion en bien des cas avec les résultats à espérer, même en présence de l'intérêt général.

S'agirait-il de transformer en gazons d'un ordre supérieur les airelles, les bruyères et les autres plantes qui, selon les altitudes, les sols et les expositions ont spontanément remplacé sur les hauteurs les forêts dont probablement elles étaient primitivement couvertes ? Ce serait là un projet que les populations pastorales accueilleraient très-souvent avec grand plaisir. — Mais, en quoi cette transformation intéresserait-elle le grand objet que l'on se propose en ce moment ? En quoi influerait-elle sur le régime des eaux ? En quoi diminuerait-elle les inondations ? En quoi contribuerait-elle à la permanence des sources et au maintien, pendant l'été, du débit des ruisseaux et des rivières ?

A ce point de vue, l'avantage n'est pas du côté des gazons. Il est évident, en effet, que les airelles, dont le pied se garnit de mousses atteignant 10 et 15 centimètres d'épaisseur, les genévriers, les buis, les genêts, les houx, entremêlés de mousses encore et de mille plantes adventices dont les détritus augmentent tous les ans la couche de terreau spongieux qui recouvre le sol, sont bien plus aptes à absorber les eaux pluviales et à retenir l'humidité que des gazons rasés chaque jour par la dent des troupeaux.

Et, bien loin de produire une utilité hydraulique quelconque et de pouvoir remplacer le reboisement, le gazonnement, qui n'est et ne peut être autre chose que la transformation des plantes sauvages et vigoureuses en gazons civilisés, si vous me permettez ce mot plus expressif que correct, le gazonnement aurait pour résultat de diminuer l'épaisseur et l'efficacité de la toison végétale qui recouvre encore très-heureusement la plus grande partie de nos montagnes.

Le reboisement, au contraire, avec ses innombrables milliers d'hectares de surfaces aspirantes que les feuilles des arbres présentent à l'eau du ciel, avec les couches épaisses de feuilles aplaties qui s'opposent à l'évaporation de l'humidité renfermée dans le sol, le reboisement est le vrai et efficace moyen de maintenir cette grande fabrique de terreaux et d'irrigations fécondes que la nature a voulu établir sur les hauteurs des montagnes.

Et il serait fort à désirer qu'une certaine partie des terrains situés à 7 ou 800 mètres d'altitude fût couverte de bois de manière à constituer au sommet des 20 bassins qui se partagent la France, des masses spongieuses susceptibles d'attirer les orages, d'équilibrer et de régulariser les phénomènes atmosphériques, d'abriter les diverses parties du pays, et surtout de servir de réservoir aux eaux de pluie ; de manière à régulariser leur écoulement, et à mettre à la disposition de l'agriculture et de l'industrie des forces permanentes et dociles ? C'était là le louable projet du Gouvernement quand il proposa au Corps législatif la loi sur le reboisement, du 28 juillet 1860.

Entre le *gazonnement* et le *reboisement* et les résultats à attendre de ces opérations, la différence est donc radicale ; et à ne considérer que le seul point de vue de l'intérêt général, il semble que l'on ne devrait pas faire de *gazonnement*.

III.

Cependant, nous devons nous féliciter de ce que ce projet soit venu à la pensée du Gouvernement, car si l'on veut profiter des circonstances qu'il amène, on y trouvera le germe d'une solution facile et relativement peu coûteuse à ce difficile et important problème de reconstituer, ou, tout au moins, de maintenir sur les montagnes cette toison protectrice, sans laquelle elles failliraient bientôt au rôle que la Providence leur a attribué dans l'économie générale des éléments.

Et voici comment : Les populations des montagnes ont opposé des résistances au reboisement, parce que le reboisement, diminuant l'étendue de leur parcours, diminuait d'autant les éléments de nourriture de leurs troupeaux. Mais si l'on pouvait, par le gazonnement, leur fournir des pâtures où les plantes sauvages seraient remplacés par une végétation plus délicate et plus nutritive, il est très-certain, qu'en vue de cette transformation, elles consentiraient volontiers à une diminution de leurs parcours, car elles auraient bien vite compris que cette diminution dans l'étendue pourrait être largement rachetée par l'abondance et la qualité de la production. — Et il est très-certain que si le choix des terrains à reboiser et des terrains à gazonner était judicieusement fait au point de vue des diverses convenances à satisfaire ; si, en outre, on leur laissait une certaine étendue de pâture sauvage pour les époques où les gazons proprement dits ne peuvent donner de nourriture aux troupeaux, il est très-certain, dis-je, que les populations des montagnes accueilleraient favorablement les propositions qu'on leur ferait d'abandonner au reboisement une partie plus ou moins considérable de leurs terrains communaux : assez pour suffire, pendant de longues années, à l'activité de l'administration, et pour former tous les massifs forestiers qu'une raisonnable appréciation des choses doit faire désirer.

J'oubliais une condition très-essentielle pour obtenir le bon vouloir des populations ; c'est que les gazonnements qu'on leur proposerait seraient chose sérieuse et durable, c'est-à-dire, gazons touffus, de plus en plus solides et vigoureux, et que l'usage ne pût affaiblir.

Je ne puis entrer dans des détails sur les formes administratives de réaliser cette idée. Je le regrette, car c'eût été là un moyen d'en faire ressortir la facilité pratique et de lui attirer les adhésions dont elle aurait besoin, pour, un jour ou l'autre, se traduire en faits. Sans donc chercher à déterminer dans quelles limites relatives seraient faits ces deux ordres de travaux, ni dans quelles conditions de participation aux dépenses et aux profits, ni dans quelles formes les transactions, etc., etc., toutes choses qui peuvent se faire de mille manières différentes, et aussi parfaitement de l'une que de l'autre, je vais vous dire quels seraient, à mon avis, les principaux moyens culturaux à adopter pour transformer en gazons, de plus en plus solides et abondants, les parties de pâtures sauvages, qu'il faudrait améliorer pour obtenir le bon vouloir des populations en faveur du reboisement.

Des procédés culturaux du reboisement je n'en parle pas; l'administration des forêts à fait ses preuves en ces matières sur les terrains où il lui a été permis d'opérer, et s'il lui reste quelque chose à apprendre, ses agents dévoués et savants les auront bientôt découvertes.

IV.

Le gazonnement des montagnes, dans le sens que nous donnons maintenant à ce mot, c'est-à-dire, la transformation d'un sol plus ou moins recouvert de végétations sauvages en prairie pacagère recouverte de gazons d'un ordre supérieur, s'accomplira rapidement ou difficilement, d'une manière définitive ou d'une manière très-précaire, beaucoup plus suivant les circonstances d'exécution, de lieux et de climats, que proportionnellement aux dépenses et aux efforts des hommes. S'il y fallait de grandes dépenses et de grands efforts, cette œuvre, par son immensité, serait impossible. Il faut qu'elle s'accomplisse presque d'elle-même.

En présence de ces masses qui s'élèvent au-dessus des nuages, l'homme n'est rien En face de l'œuvre immense qu'il veut entreprendre, ses forces et ses trésors ne sont rien.

Mais il y a en lui quelque chose de plus haut que les montagnes, de plus fort que la nature, c'est son intelligence, qui embrasse l'immensité des choses et qui peut obliger la nature à lui obéir et à lui prêter le concours de ses forces toutes-puissantes.

Aussi, en général, pas de défrichements ; vous vous y épuiseriez en vain. Devant ces espaces indéfinis, où la charrue ne peut pénétrer, où la bêche, tantôt rebondit sur des coussins de racines entrecroisées, tantôt vient s'ébrécher sur des pierres que les morsures du temps n'ont pu dissoudre, vous verriez bientôt vos budgets se fondre et votre courage couler avec vos sueurs. — Pas de défrichements ! sur ces terres qui n'ont jamais vu le soleil la plupart des graines que vous semeriez ne germeraient pas : et d'ailleurs, dans un an, ou deux, ou trois, vous verriez la végétation parasite que vous aviez voulu détruire reparaître plus vigoureuse que jamais. — Pas de défrichements ! car, ces terres défrichées, vous seriez obligé de les soustraire, pour un temps plus ou moins long, au parcours, et, par là même, vous feriez renaître toutes les difficultés qu'il vous importe à un si haut degré d'écarter.

Appelez à votre aide les forces de la nature toujours bienfaisante, le feu et l'eau : le feu, avec beaucoup de ménagements et le plus rarement possible, et en faisant suivre vos brûlis de tous les travaux, de tous les amendements, de tous les semis susceptibles de leur faire produire des effets utiles ; l'eau en toutes circonstances et en aussi grande quantité que vous pourrez en recueillir.

Certes, au point de vue des besoins hydrologiques de la terre, il est bien à regretter d'avoir à incendier des hectares de hautes bruyères, de buis ou d'ajoncs pour les remplacer pendant un temps par une dénudation complète, et, plus tard, par des gazons, que le pâturage tiendra pendant tout l'été ras et glissants.

Cependant, si cette opération doit être réellement utile aux populations des montagnes, et si elle doit avoir pour résultat de faire consacrer au reboisement des surfaces notables de terrains sur quelqu'autre point, ce sera le cas de dire qu'il faut savoir faire la part du feu, et, qu'en définitive, la chose publique y a gagné.

L'eau ! Messieurs, si c'est le grand fléau à combattre c'est aussi le grand bien à ménager, c'est surtout, en ces matières, le grand moyen à employer.

Un jour, il y a de cela peu d'années, je suivais, pour ne pas perdre le souvenir de ce vieil ami, un chemin abandonné qui traverse des quartiers de bruyères hautes et touffues ; un ruisseau assez abondant coupe ce chemin. Avec la pointe de mon bâton ferré j'établis une petite dérivation de ce ruisseau dans l'une de ses ornières, et je la fis s'épancher en petites rigoles sur les points où la bruyère était le plus touffue. Quinze ou seize mois après, sur tous ces points, la bruyère avait disparu et se trouvait remplacée par un gazon du plus beau vert. Mieux que cela, maintenant, la terre elle-même a changé d'aspect et de nature, et très-certainement elle a acquis la propriété de produire indéfiniment du gazon et perdu celle de produire de la bruyère. Des travaux du même genre m'ont toujours donné des résultats aussi satisfaisants.

Une autre fois, il y a de cela moins longtemps, je parcourais un pré d'une désolante aridité et qui ne devait son titre de pré qu'à sa position d'enclave dans mes autres prairies. J'avisai dans une dépression de terrain une surface de trois ou quatre mètres carrés où la végétation présentait un peu plus de vigueur (ce pré a 30 p. 0/0 de pente environ et un mètre cinquante centimètres de terre). Je fis creuser horizontalement jusqu'à la rencontre de la roche une tranchée de cinq mètres de largeur et, pour un travail de onze francs, j'eus la satisfaction de voir couler au fond de ma tranchée une source assez abondante, qui a substitué partout où elle a touché un splendide gazon au serpolet qui constituait à lui seul autrefois presque tout le produit de ce pré.

Il n'est pas douteux que des travaux du même genre dans toutes les Pyrénées, dans les Alpes, dans les Cévennes, dans les Vosges produiraient des résultats analogues (à moins de circonstances toutes spéciales et très-rares). Aussi le grand principe selon moi en matière de gazonnement, ce serait de fouiller toutes les sources des montagnes, de couper tous les ravins et de creuser des rigoles pour épancher les eaux sur les pentes voisines. — Et quand il n'y a pas des sources, ni de ravins, ni d'apparences de sources? Eh bien, il faut encore creuser des rigoles. — Mais tandis que celles creusées à la sortie des sources ou aux barrages des ravins peuvent suivre tous les caprices du terrain, contourner les arbres et les rochers, franchir en cascades les pas difficiles, puisqu'elles n'ont d'autre objet que de conduire les eaux sur les pâtures voisines qu'il s'agit d'améliorer ; celles-ci devraient être plus larges et horizontales pour pouvoir contenir une certaine quantité d'eau, l'emmagasiner en quelque sorte et retarder ainsi son élan vers les parties basses, de manière, en même temps, à imbiber les profondeurs du sol d'une humidité bienfaisante qui ne tarderait certainement pas à changer en l'améliorant la nature de ses produits.

Je n'ai pas fait moi-même l'expérience des fossés horizontaux tracés sur les flancs des montagnes en vue de faire absorber par le sol tout ou partie des eaux pluviales. Mais le hasard de mes recherches m'a fait rencontrer une brochure dans laquelle ce système est préconisé et où M. Lambot-Miraval, son auteur, cite plusieurs exemples très-concluants en faveur de cette manière de profiter des eaux pluviales pour le gazonnement et de diminuer pour les plaines le danger des inondations. Et je suis persuadé que l'établissement des fossés horizontaux, avec les distances, les dimensions et autres conditions spéciales à chacun des terrains à améliorer, serait un bon moyen de gazonnement dans les quartiers où ne se trouvent ni ravins, ni sources. Moyen plus ou moins lent, plus ou moins efficace, suivant les mille circonstances qui peuvent se rencontrer, mais moyen rationnel et dont les résultats seraient certainement avantageux. — Un autre moyen encore de créer de l'humidité sur ces quartiers déshérités, ce serait de planter leurs sommets de massifs forestiers. L'efficacité des bois pour déterminer la naissance des sources à leurs pieds est incontestable et incontestée. — C'est ainsi que dans l'ordre cultural comme dans l'ordre économique et administratif, le reboisement et le gazonnement, impossibles ou inutiles séparément, se prêtent un mutuel concours.

IV.

Et pour concentrer en quelques mots les idées que je me suis formées sur cette question complexe du gazonnement et du reboisement, des inondations à prévenir et des grandes irrigations à alimenter, je vous dirai, Messieurs, que si j'étais autorisé à émettre un vœu en ces matières je demanderais deux choses seulement.

La première : Que le gouvernement, qui d'ailleurs ne pourrait entreprendre tous les travaux à la fois, ne procédât au gazonnement des vacants d'une commune qu'après avoir obtenu de cette commune une transaction, librement consentie par elle, et en vertu de laquelle il pourrait au fur et à mesure de l'exécution du gazonnement, et suivant les conditions fixées par les deux parties ; procéder au reboisement de certains autres quartiers des vacants appartenant à cette commune.

La seconde : Qu'il posât en principe que, sauf les circonstances spéciales qui pourraient se rencontrer, l'eau devrait toujours être

6

considérée comme le principal agent de gazonnement ; en d'autres termes, qu'il adoptât l'idée de faire jaillir les sources déjà apparentes sur les montagnes, d'établir des dérivations dans les ravins, de creuser sur certains points des fossés horizontaux : à titre d'essai des seuls moyens rationnels et économiques de faire des gazonnements sérieux. Après quoi si (ce qui d'ailleurs n'est pas possible), ces moyens ne réussissaient pas, je lui conseillerais de renoncer à son œuvre de régénération des montagnes

V.

Si le gouvernement prêtait quelque attention à ce vœu, il en adopterait les principes très-certainement. Et du jour où il chercherait à les traduire en faits nous verrions les populations se réconcilier avec le reboisement et d'immenses bienfaits se produire.

Pour l'homme qui sait, pour les avoir vus et touchés, pour en avoir fait dépendre le succès et l'honneur de ses entreprises, quels sont les effets de l'irrigation sur les montagnes et quels désastres les débordements apportent sur les terrains inférieurs, c'est un spectacle douloureux que de voir, à certaines époques, ces cascades gigantesques qui dans les montagnes se précipitent en fureur par les ravins escarpés. Que de richesses perdues pour les particuliers et pour l'Etat ! que d'éléments de bonheur et de paix s'écoulent avec ces eaux redoutables ! Leurs flots tumultueux emportent de la laine, du lait, de la viande, de l'or ; ils répandront la ruine et la maladie.

Et dire qu'il ne faudrait pour changer tout cela que quelques-unes des miettes les plus menues de ce festin budgétaire auquel sont conviées tant d'œuvres de luxe et de fantaisie.

Ce sont là dans l'esprit humain des lacunes et des contradictions que l'on ne peut s'expliquer autrement que par uu défaut d'attention et d'études suffisantes par les gouvernements sur ce sujet secondaire en apparence et cependant l'un des plus graves en réalité.

Si celui de l'Empereur qui a eu l'honneur de vouloir résoudre la question des montagnes veut y regarder de près, il verra qu'aucune œuvre n'est susceptible de produire d'aussi grands biens pour une aussi minime dépense.

Les barrages dans les ravins sont trop chers et l'eau les emporte!

Etablissons des dérivations, toujours faciles dans les terrains en pente. Consacrons 10 francs à l'affouillement de chaque source apparente sur les montagnes et nous décuplerons son débit. Et moyennant 20 ou 30 francs par hectare nous établirons sur les montagnes, en dix ans, trois ou quatre cent mille hectares de prairies pacagères qui vaudront chacun 3 ou 4 mille francs, et plus, par le seul produit de la dépaissance. Et pour une dépense qui ne sera pas plus forte que les allocations affectées au reboisement, la fortune publique se sera augmentée par le reboisement et par le gazonnement de 2 milliards dans les montagnes et du double probablement dans les plaines.

Ceci n'est pas une vérité de convention ni un compte d'utopiste. C'est la vérité vraie ; et ce compte reste probablement au-dessous de la réalité, surtout si, comme il est probable, les communes en venaient, au bout d'un certain temps, à se charger d'une partie des travaux de gazonnement, ce qui pourrait en élargir beaucoup les périmètres.

Par le reboisement et l'absorption plus ou moins complète des eaux pluviales dans le sol des montagnes arrosées, les plaines ver_raient diminuer le danger des inondations, et le débit de leur rivière acquerrait la régularité nécessaire à l'établissement des grandes irrigations actuellement en projet. Par le reboisement, les météores dangereux suivant les lois de l'attraction abandonneraient les régions des céréales et des vignobles pour aller s'abattre sur les sommets forestiers ; les fièvres qui pendant l'été attaquent les populations des plaines submergées deviendraient plus rares et moins intenses. — Par le gazonnement, nous vous enverrions en plus grande quantité et à meilleur marché, peut-être, nos viandes, nos laines et notre lait sous toutes les formes que l'industrie peut lui donner. — Aux époques où vos bras sont insuffisants pour la rentrée de vos récoltes, nous aurions de plus en plus à vous prêter ces faucheurs et ces vendangeurs que vous payez volontiers si cher et qui vous rendent de si grands services. Et que nous ne pourrons conserver à l'équilibre des forces vives de la France qu'en les retenant dans les montagnes par les attraits du bien-être et de l'aisance, dont les principaux éléments sont le reboisement et le gazonnement, bien réussis et combinés dans de justes proportions. A quel chiffre évaluer tous ces avantages !

Le maintien des populations pastorales sur les montagnes est si utile à l'équilibre de la population en France, que si par des mesures inopportunes ou par l'indifférence dont elles seraient l'objet, on précipitait leur mouvement d'émigration vers les plaines, cela, par beaucoup de raisons, équivaudrait certainement pour la grandeur et la force de la patrie à la perte de cinq ou six beaux départements.

J'ai la persuasion que si, dans beaucoup de nos pays de montagnes, l'on défalquait de la contenance totale de la commune, la contenance des terres complétement inutiles, on trouverait que la terre exploitée sur la montagne nourrit par unité de superficie autant d'habitants que les contrées de la France où la population est très-suffisamment condensée.

Ces montagnes dont vous voyez d'ici les cimes dénudées et qui vous paraissent une partie de l'année couvertes de neige, ne sont pas ce que quelques-uns pourraient penser, le pays du froid et de la misère.

Dans les replis de leurs vallées, elles renferment beaucoup de terres dont le produit correspond à une valeur capitale de 12 à 14 mille francs l'hectare ; elles ont en abondance et en surabondance ces deux éléments de richesses que vous paieriez à un si haut prix si les circonstances vous le permettaient : l'eau et les engrais. Et par un bon emploi de ces deux choses, on pourrait les porter à un degré de fertilité toujours croissante et à une valeur inouie (dans les Vosges, l'hectare de prairie vaut jusqu'à 20 mille fr., voir le *Journal d'agriculture pratique*, janvier on février 1868).

Pourquoi n'en sont-elles pas encore là ? Parce que les intelligences actives et les capitaux lui ont manqué, et que, d'ailleurs, dans la progression des choses, chacune a son heure marquée pour correspondre aux besoins successifs de l'humanité.

Elles n'ont ni la garance, ni le houblon, ni les vers à soie, ni la grande production de céréales ; et quelquefois la neige vient rompre leurs seigles et les écraser au moment où vous avez déjà fait la moitié de vos moissons. Mais elles ont des automnes splendides qui se prolongent souvent jusqu'à la Noël ; et les pâturages où vivent leurs troupeaux pendant la moitié de l'année font plus que doubler le profit net de leurs prairies.

Leurs populations craignent Dieu, et chez elles le respect de la famille exerce encore une influence sur les mœurs. Mais cela n'ôte rien à la vivacité de leur esprit, ni à leur entrain au travail quand elles ont un objet déterminé. Et si l'intrépidité dans l'action est la même chez tous les soldats qui portent les couleurs de la France, il est cependant permis de dire que les plus sobres, les plus vigoureux, les plus résistants aux fatigues de la guerre se trouvent parmi ceux-là qui, pendant leur enfance, ont respiré les vivifiantes senteurs des montagnes.

Voilà pourquoi, je vous ai dit, Messieurs, que la dépopulation des montagnes équivaudrait à la perte de cinq ou six beaux départements, et pourquoi je constate avec tant de bonheur que le reboisement et le gazonnement qui doivent écarter des plaines les plus redoutables fléaux, sont en même temps les meilleurs moyens de conserver aux montagnes ces populations de pasteurs et de bûcherons qui concourent pour une si grande part à la richesse et à la grandeur de la France.

Toulouse, impr. Ch. Douladoure: Rouget frères et Delahaut, succ", rue St-Rome, 39.

TABLE.

—

FIN DE LA TABLE.

www.ingramcontent.com/pod-product-compliance
Lightning Source LLC
LaVergne TN
LVHW021041050726
842519LV00003B/950